☑ **有菜有肉** ☑ **微波5分鐘上菜**

減醣消脂
瘦身湯

美腸、美ボディ、幸せになれる
運命を変える魔法の「美やせ」レンチンスープ

Atsushi —著 **林香吟**—譯

經由每天不斷累積的努力，引領自己更上一層樓。在健康與美麗上不斷精益求精，必然能回饋到自己身上，這便是讓自己變得更完美的自我投資。透過每天的飲食讓自己變得容光煥發，一旦飲食均衡了，肌膚就會透出迷人的光澤，心靈自然也會感到平靜且充實。

　　這一次準備的瘦身湯食譜，選用了大量有助身體營養均衡所需要的食材，重心放在讓人瘦得健康又美麗。自二〇一七年十二月出版的《模特兒偷偷喝了後，在 3 天內瘦了 2kg 的魔法瘦身湯》（寶島社）問市以來，多謝各方愛戴，這已經是我的第五本瘦身湯食譜了。從最初的高蛋白低醣並且有豐富膳食纖維的瘦身湯食譜延續至今，這個基本概念依然沒有改變，本書所介紹的湯品只是更加進化了。

　　飲食就是等於我們的生活。治療疾病的藥物和食物原本就來自相同的根源，所以才會有「醫食同源」這個名詞存在，有意識地在每天的飲食中食用對身體有助益的食材，原本困擾自己的小毛病就會在不知不覺中漸漸改善。

　　本書的瘦身湯品不僅營養均衡，製作方式也非常簡單，只需幾個步驟就能輕鬆完成。隨便哪間超市都能買到的食材，也能展現出各式

各樣不同的風味，加上是由多種食材搭配而成，當然能吃得滿足。豐富的膳食纖維能清理腸道，讓腸道變得清潔溜溜。當腸道乾淨了，肌膚的光澤度與透明感都會有所提升，讓你擁有人人稱羨的美麗肌膚。此外，還會製造出大量被稱爲「快樂賀爾蒙」的血清素，在收穫美肌的同時，還能得到積極樂觀的心態。

　　肌膚與心靈都受惠了，就有動力讓自己繼續努力變得更加美麗。將我的瘦身湯品加入飲食生活中，讓自己吃得健康也活得漂亮，現在就向多餘的脂肪、水腫、暗沉粗糙的肌膚說再見吧。人要是沒有目標的活著，就會在不知不覺中發胖，然後逐漸老去。要成爲美好的大人，還是他人口中的大媽、大叔，端看個人的選擇。

　　從身體內部開始變美麗，即使不施粉黛，也能對自己的肌膚狀況與身形曲線感到自信。在自己的人生中，當然是要成爲最棒的自己，我們一起加油！

減醣消脂瘦身湯

能正常飲食的情況下瘦身

有些人選擇以極端的飲食控制來達到瘦身效果，但過度節食不僅容易使體重反彈，還會導致營養缺失。本書所介紹的各式瘦身湯品都具備了高蛋白、低醣的特性，在吃飽的同時還能健康瘦身，不用勉強忌口，自然沒有壓力可言。

均衡營養

晚餐吃得晚和經常三餐不規律的人同樣也容易營養失衡。當你夜深回到家時，也能以輕鬆幾個步驟完成本書所介紹的瘦身湯品，一碗湯裡富含多種營養，對三餐不規律的人來說，無疑是維持健康的好方法。

瘦小腹

大腹便便是因腹部周圍產生了多餘脂肪與便祕。本書中的湯品除具備高蛋白與低醣的特性，還有豐富的膳食纖維。只要血糖控制得宜，小腹周圍的脂肪自然逐漸減少，便祕也能得到改善，讓臃腫凸出的小腹恢復平坦。

提升代謝

相比過去變得很難瘦下來，是新陳代謝變得遲緩的信號。新陳代謝減緩的主要原因不單是年紀增長，與蛋白質攝取不足和體寒也有關係。書中的湯品不僅擁有高蛋白質，也包含許多可溫補身體的食材，攝取過後代謝率提升，便能恢復以往的易瘦體質。

的好處與功效

保持年輕

老化的原因在於造成細胞氧化的各種活性氧類。然而紫外線、壓力、年紀增長等各方因素都會造成活性氧的增加。本書中的湯品有豐富的維他命Ａ、Ｃ、Ｅ和多酚等抗氧化成分，對保持年輕有一定的功效。

改善健康問題

本書針對疲勞、煩躁、水腫、體寒，和阻礙減重瘦身的一些狀況，介紹各類可改善身體機能失調的食材所製作的湯品。食用健康食材成為習慣後，一些小毛病就能獲得改善，減肥的成功率也會更上一層樓。

擁有滑嫩細膩的肌膚

不管再怎麼用心塗抹保養品，只要體內累積宿便、腸內環境不健康，就無法吸收肌膚所需的營養素，更別提養出細膩美麗的肌膚。本書中的湯品，包含可清理腸內環境的食材，還有肌膚必備營養素，長期食用必能看出美肌效果。

料理簡易

即使不擅長下廚也完全沒有問題！本書中介紹的每道湯品都只需把食材切開攪拌，放入微波爐中就能立即享用，不用花上大把時間，簡單幾個步驟便能完成。加上各種食材互相搭配提升美味度，雖然是微波料理卻有著專業級的迷人好滋味。

安定心情

腸道負責製造有「快樂賀爾蒙」之稱的血清素，一旦腸道環境出狀況就會無法產生，人自然會感到消極不安。本書中的湯品富含膳食纖維可有效清腸排毒，讓人保持樂觀的心態。

CONTENTS

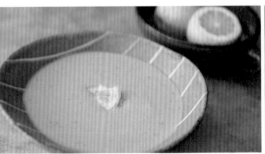

CHAPTER 3

消除水腫
瘦身湯

COLUMN 3

想成功瘦身，必須意志堅定　84

CHAPTER 4

加速代謝
改善體寒
瘦身湯

COLUMN 4

為什麼「腸道健康」如此重要？　106

減醣消脂瘦身湯

—— POINT 1 ——

提高營養吸收

容易感到疲勞的人，極有可能是精力不足所致。過度減肥或偏食就無法攝取到均衡的營養，不僅容易感到疲勞，代謝功能也會下降。長此以往是不可能成功瘦身的，首要之重就是讓身體先吸收充分的營養。p.20 ～ 39 介紹的湯品所使用的食材，都對緩解疲勞有其功效。先找回身體的精氣神，打造出易瘦體質的基底。

安定心神

人一旦累積過多的壓力就容易情緒焦躁，從而暴飲暴食導致肥胖。因爲壓力造成皮質醇的分泌增加，對食慾提升也有一定的影響。p.42 ～ 61 的湯品使用的都是能有效改善煩躁的食材，當壓力得到舒緩，就能控制過剩的食慾。

—— POINT 2 ——
能充分吸收營養的健康腸道

　　本書瘦身湯的特點之一，就是擁有顯著的清腸效果。當腸道環境不佳，就造成便祕使小腹凸出，腸道積累宿便，不管再怎麼攝取對身體有益的營養素也無法徹底吸收，當營養無法傳送到肌膚、頭髮、肌肉上，自然沒辦法美美地瘦下來。本書的每一道瘦身湯所使用的食材，都有豐富的膳食纖維，其中也包含一些發酵食品，能有效解決便祕問題，還你健康的腸道。膳食纖維有抑制血糖飆升的效果，只要身體能充分吸收營養，當然就能瘦得健康又美麗。

的祕密

嚴選改善身體小毛病的食材

消除水腫

水腫的原因，不外乎是鹽分攝取過量、體寒、長時間維持相同姿勢造成淋巴循環不良，多餘的水分滯留在體內的關係。當水分滯留體內無法排出，血液循環會隨之變得遲緩，代謝率跟著下降，也就更容易變胖了。p.64～83的湯品使用的都是能有效改善水腫的食材，當多餘的水分排出體外，就能找回輕盈無負擔的好身材。

加速代謝

體寒也是妨礙瘦身減重的一大要因。體寒是因為血液循環不良，因此內臟機能降低，代謝也跟著遲緩，讓人難以瘦下來。p.86～105的湯品，使用的都是能有效改善體寒的食材，當身體溫暖了，自然能促進血液循環、提升代謝率。

────── POINT 3 ──────
充足的蛋白質

　　想要瘦得健康又美麗，蛋白質絕不可或缺。蛋白質是肌肉、肌膚、頭髮、指甲等人體組織的重要營養素。可是現代人的飲食喜好多偏向米飯、麵包、麵食，許多人認為蔬菜對身體健康有益便大量食用，於是蛋白質攝取不足的人也佔了大多數。缺乏蛋白質會讓肌肉量萎縮、代謝率下降，讓瘦身減重變得困難重重，肌膚也會失去光澤、頭髮缺乏彈力。本書的瘦身湯使用了肉類、魚貝類、雞蛋、豆類等飽含蛋白質的食材，每天都能輕鬆補足必要的營養。

只需四個步驟，不擅長下廚的人
也能持之以恆的美味湯品！

　　本書介紹的瘦身湯品，只需將食材切塊，把食材、水、調味料放入耐熱容器中稍加攪拌混合，再包上耐高溫保鮮膜放進微波爐中加熱即可完成。肉類使用的是不須花功夫切塊的絞肉，薑泥和蒜泥也能購買市面上販售的成品來節省時間，對不擅長下廚或忙碌的人相當適合！

1

食材切塊。

2

將食材、水、調味料放入耐熱容器中。

3

輕輕攪拌混合。

4

包上耐高溫保鮮膜，放入微波爐中加熱。

FINISH!

完成！

不需挨餓！
配合目標一日1～2餐

只需以瘦身湯替換正餐就能美美地瘦身，同時改善身體各方面的煩惱。想要減脂瘦身，建議早上只喝水加一點水果就好，把多餘的廢物排出體外。

想在短時間內儘快瘦下來的人，午間和晚間可依照自身的煩惱選擇適合的瘦身湯替換原本的餐點。若想在兩星期內沒有負擔的減重，可在午間正常進食，晚間替換成瘦身湯。

如果想維持目前的體重，則是午間食用瘦身湯，晚間正常進食。成功瘦身後可改成兩天一次，或在吃太多的隔日任選一餐替換成瘦身湯，以維持體重與健康。

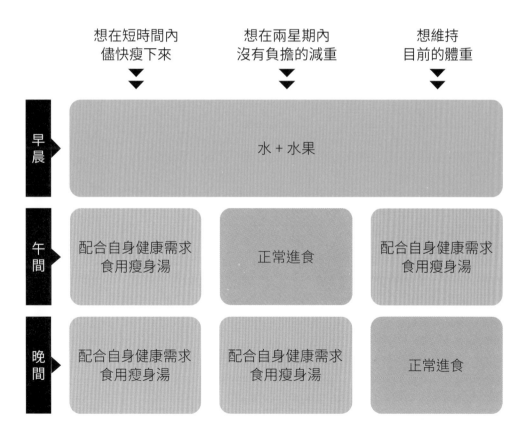

	想在短時間內 儘快瘦下來	想在兩星期內 沒有負擔的減重	想維持 目前的體重
早晨	水 + 水果		
午間	配合自身健康需求 食用瘦身湯	正常進食	配合自身健康需求 食用瘦身湯
晚間	配合自身健康需求 食用瘦身湯	配合自身健康需求 食用瘦身湯	正常進食

有效瘦身的關鍵食材都在這裡！

提高營養吸收

維他命B1、牛磺酸、咪唑二肽、檸檬酸是提高營養吸收、舒緩疲勞的營養素。豬肉含維他命B1；帆立貝含牛磺酸；想攝取咪唑二肽，可選擇雞胸肉；檸檬、酸梅、醋等則有豐富檸檬酸。在漢方醫學中，根莖類作物可提升腸胃機能又可補氣，黃豆、南瓜、鮭魚等食材都有相當不錯的效用。

安定心神

在漢方醫學中，為了讓停滯的氣血活絡起來，改善煩躁的情緒，西洋芹、紫蘇、甜椒、韭菜、辣椒等辛香料，帆立貝、墨魚、蛤蜊還有起司等，都富含能鎮定腦神經亢奮的鈣質，也是含有色胺酸，能穩定情緒製造血清素的原料。

本書將四種常見健康需求分門別類，所介紹的瘦身湯都使用了能有效改善問題且營養豐富的食材。並以漢方醫學為基底，進行各種搭配以改善身體失調的情況。以下這些食材都能針對各種身體健康需求發揮效用！

消除
水腫

有效改善水腫的食材如各種蕈類、豆腐、毛豆、菠菜、牛蒡、竹筍等，都是漢方醫學中有利尿作用的食材。牛蒡含調節體內水分的皂素，黃豆有能排出多餘鹽分的鉀質，豆角、納豆具有能排出老廢物質的檸檬酸，當然檸檬也有同效。

加速
代謝

想改善體寒首推能帶來能量、加速代謝的蛋白質，鮭魚、鯖魚、蝦子、薑、洋蔥、胡椒、咖哩粉等，都是漢方醫學中記載能溫養身體的食材。富含維他命E且能促進血液循環的辣椒、杏仁、油橄欖，和富含維他命C，能促進鐵質吸收的青花菜和片烤海苔都是非常適合的食材。

本書使用指南

詳細介紹能有效改善健康的食材與營養成分。

本書介紹的 46 道食譜不僅有效改善女性的健康需求，還能減重瘦身，可說是一石二鳥的瘦身湯食譜。趕快翻開你有興趣的部分來做看看吧。

只要翻開這本書，就能輕鬆學會美味料理！

為了讓讀者更容易明白，本書中介紹的食材分量不只會標明公克數，也會註明大概的個數。

食譜右頁的食材照片為每一道瘦身湯的主要食材（※ 號表示未記入每碗瘦身湯食材總公克數）。

可確認含醣量和蛋白質含量！請依年齡和運動頻率規劃適當的蛋白質攝取量。

每道瘦身湯的關鍵食材都一目了然。

注意事項

● 1 大匙＝ 15ml、1 小匙＝ 5ml。● 「少許」是以兩隻手指抓取一撮的分量。● 基本上，蔬菜類的清洗、去除種子、胞芽、蒂頭、外皮等預備步驟一概省略不再贅述。● 個數與重量都取大概值。若瘦身湯的水分不夠，請自行添加適宜的水量。● 若無特別標明，蔬果類的食材都可帶皮食用。● 豆乳使用的是成分無調整的純豆乳。● 杏仁和腰果使用的都是無加鹽直接烘烤的成品。● 本書所介紹的所有瘦身湯食譜都以 500 瓦的微波爐製作而成。加熱時間請依照使用的微波爐瓦特數與機種進行調整。● 務必使用「耐熱容器」。● 食材的切法與大小都會影響烹調熟度，加熱時若出現焦糊的情況，請先取出湯品將食材上下翻動，重新攪拌混合。

CHAPTER 1

提高營養吸收
舒緩疲勞
瘦身湯

想對抗疲勞，必須攝取能 提升腸胃機能 的補氣食材，維他命 B_1 不僅能 促進碳水化合物代謝 且有助於 舒緩疲勞，牛磺酸和咪唑二肽在這方面也有顯著效果，加上有助能量生成的檸檬酸等食材互相搭配，可有效趕走疲勞。

SOUP for TIREDNESS

除了食材的鮮甜與層次感，辛辣的口感也很對味。

含醣量
24.2g

FOOD DATA

蛋白質含量
18.6g

豬肉地瓜湯

使用地瓜、豬絞肉、毛豆等可提升腸胃機能兼補氣的食材。豬絞肉含有豐富的維他命 B1，搭配帶有檸檬酸的醋。地瓜的含醣量雖多，但成分中的「黏液蛋白」可防止血糖上升，對瘦身大有益處。

材料（1 人份）

豬絞肉	70g
毛豆仁	30g
地瓜	1/4 塊（50g）
洋蔥	1/4 顆（50g）
水	200ml

A
- 雞湯粉（顆粒）… 1 小匙
- 魚露 … 2 小匙
- 醋 … 1 大匙
- 料酒 … 2 小匙
- 蒜泥、薑泥（市售成品）… 各 1 小匙

一味唐辛子 … 少許

作法

STEP 1 地瓜切丁備用，每塊約 1cm 大小。洋蔥切碎。

STEP 2 將所有食材、水、A 放入耐熱調理碗，輕輕攪拌混合後包上耐高溫保鮮膜，放入微波爐（500 瓦）中加熱 6 分鐘。

STEP 3 裝盤，撒上一味唐辛子。

有效提高營養吸收、舒緩疲勞的食材

提升腸胃機能、補氣的食材　豬絞肉、毛豆、地瓜

維他命 B1　豬絞肉、大蒜

檸檬酸　醋

散發清新的蔬果香，

喝一口就能趕走疲勞！

FOOD DATA

含醣量
16.7g

蛋白質含量
15.9g

酢橘豬肉山藥湯

把能提升腸胃機能兼補氣的豬絞肉和山藥相互搭配。內含豐富的檸檬酸，有助舒緩疲勞、恢復精力的酢橘不只能榨汁食用，也能在切絲後作爲裝飾。酢橘柔和的酸味加上口感微澀的甜椒，令這一碗瘦身湯的香氣更加迷人了。

材料（1人份）

豬絞肉⋯⋯⋯⋯⋯⋯⋯ 70g
山藥⋯⋯⋯⋯⋯⋯⋯ 1/10 根（60g）
紅椒⋯⋯⋯⋯⋯⋯⋯ 1/4 顆（40g）
青蔥（蔥綠部分）⋯ 30g
酢橘⋯⋯⋯⋯⋯⋯⋯ 1 顆
水⋯⋯⋯⋯⋯⋯⋯ 200ml

A
　法式清湯粉（顆粒）
　⋯⋯⋯⋯⋯⋯⋯ 1 小匙
　魚露⋯⋯⋯⋯⋯⋯ 1½ 小匙
　料酒⋯⋯⋯⋯⋯⋯ 2 小匙
　蒜泥、薑泥⋯⋯ 各 1 小匙

作法

STEP 1
山藥去皮，與紅椒一起切成 2cm 長細絲，青蔥斜切成約 2cm 長小段，酢橘則對半切開備用。

STEP 2
將除了酢橘以外的食材、水、**A** 放入耐熱調理碗，輕輕攪拌混合後包上耐高溫保鮮膜，放入微波爐（500 瓦）中加熱 6 分鐘。

STEP 3
裝盤，半顆酢橘榨汁。另外半顆酢橘切絲置於湯面上作爲裝飾。

有效提高營養吸收、舒緩疲勞的食材

提升腸胃機能、補氣的食材　豬絞肉、山藥
維他命 B1　豬絞肉、大蒜
檸檬酸　酢橘

芥末的爽口辛辣引人入勝

含醣量
12.2g

蛋白質含量
17.1g

芥末咖哩香菇雞湯

雞胸絞肉富含咪唑二肽，對舒緩疲勞、恢復精力有極大的效果，豆苗本身含有維他命 B1。在咖哩香氣的襯托下，乾香菇的「鳥苷單磷酸」為這道瘦身湯的滋味帶來更豐富的層次感，加上芥末籽鮮明強烈的口感，使美味度倍增！

材料（1 人份）

雞胸絞肉……………… 70g
洋蔥……………………… 1/4 顆（50g）
豆苗……………………… 1/3 袋（30g）
乾香菇(切薄片)……… 4～5朵(5g)
水………………………… 200ml

A
雞湯粉（顆粒）… 1½ 小匙
咖哩粉…………… 2 小匙
芥末籽醬………… 2 小匙
料酒……………… 2 小匙
鹽………………… 少許
蒜泥、薑泥……… 各 1 小匙

作法

STEP 1 洋蔥切成 2cm 長的薄片，豆苗切 2cm 長。

STEP 2 將所有食材、水、**A** 放入耐熱調理碗，輕輕攪拌混合後包上耐高溫保鮮膜，放入微波爐(500瓦)中加熱6分鐘。

有效提高營養吸收、舒緩疲勞的食材

提升腸胃機能、補氣的食材 雞胸絞肉
維他命 B1 豆苗、大蒜
咪唑二肽 雞胸絞肉
檸檬酸 芥末籽醬

靠咪唑二肽擊退疲勞

法式酸辣起司雞湯

使用富含咪唑二肽的雞胸絞肉，烹調出這碗能緩解疲勞、恢復精力的瘦身湯。加上含有檸檬酸的義大利香醋，洋蔥柔和的清甜和帕馬森乾酪的濃郁奶香，搭配義大利香醋醇厚的酸味，讓入口的滋味愈發豐富，就連各色食材的嚼勁也是一絕。

材料（1 人份）

雞胸絞肉……………………70g
洋蔥…………………………1/2 小顆（40g）
洋菇…………………………3 朵（30g）
櫛瓜…………………………1/3 根（50g）
歐芹…………………………少許
水……………………………200ml

A
法式清湯粉（顆粒）… 1 ½ 小匙
帕馬森乾酪……… 1 大匙
義大利香醋……… 1 大匙
紅辣椒（切圈）… 1/2 根
蒜泥……………… 1 小匙
鹽………………… 少許

作法

STEP 1
洋蔥切碎，洋菇切薄片，櫛瓜切銀杏葉狀，歐芹切碎。

STEP 2
將歐芹以外的食材、水、**A** 放入耐熱調理碗，輕輕攪拌混合後包上耐高溫保鮮膜，放入微波爐（500 瓦）中加熱 6 分鐘。

STEP 3
裝盤，撒上切碎的歐芹。

有效提高營養吸收、舒緩疲勞的食材

提升腸胃機能、補氣的食材 雞胸絞肉
維他命 B₁ 大蒜
咪唑二肽 雞胸絞肉
檸檬酸 義大利香醋

大海的香氣與爽口的
微酸滋味在舌尖迸散

FOOD DATA

含醣量
17.2g

蛋白質含量
15.3g

義式帆立貝番茄蔬菜湯

能提升腸胃機能兼補氣的芋頭，和含有牛磺酸的帆立貝，加上有一定檸檬酸成分的白酒醋，相互搭配烹調出的瘦身湯。芋頭能帶來飽腹感，帆立貝散發著大海的香氣，小番茄和白酒醋的酸甜爽口，讓這碗瘦身湯有著令人回味無窮的魅力。

材料（1人份）

帆立貝⋯⋯⋯⋯⋯⋯⋯⋯ 3塊（70g）
水煮芋頭⋯⋯⋯⋯⋯⋯⋯ 50g
小番茄⋯⋯⋯⋯⋯⋯⋯⋯ 5顆
洋蔥⋯⋯⋯⋯⋯⋯⋯⋯⋯ 1/8顆（30g）
酸豆⋯⋯⋯⋯⋯⋯⋯⋯⋯ 1大匙
歐芹⋯⋯⋯⋯⋯⋯⋯⋯⋯ 少許
水⋯⋯⋯⋯⋯⋯⋯⋯⋯⋯ 200ml

A
法式清湯粉（顆粒）⋯ 2小匙
鰻魚醬⋯⋯⋯⋯⋯⋯ 1小匙
白酒醋⋯⋯⋯⋯⋯⋯ 2小匙
蒜泥⋯⋯⋯⋯⋯⋯⋯ 1小匙
橄欖油⋯⋯⋯⋯⋯⋯ 少許

作法

STEP 1　水煮芋頭切半。小番茄切半。洋蔥切2cm長的薄片，歐芹切碎。

STEP 2　將歐芹以外的食材、水、A 放入耐熱調理碗，輕輕攪拌混合後包上耐高溫保鮮膜，放入微波爐（500瓦）中加熱6分鐘。加熱後，撒上切碎的歐芹。

有效提高營養吸收、舒緩疲勞的食材

提升腸胃機能、補氣的食材　芋頭
維他命 B_1　大蒜
牛磺酸　帆立貝、鰻魚醬
檸檬酸　白酒醋

每一口都充滿嚼勁，
令身心達到全方位的滿足

章魚山藥湯

使用牛磺酸極為豐富的章魚為主角的瘦身湯，以及能提升腸胃機能兼補氣的山藥，加上含有檸檬酸的檸檬。章魚、山藥、西洋芹、青花菜都是相當有嚼勁的食材，口齒不停嚼動，能為身心帶來愉悅的滿足感，清爽的檸檬香氣令這道瘦身湯更具風味。

材料（1 人份）

汆燙過的章魚⋯⋯⋯⋯⋯ 70g
山藥⋯⋯⋯⋯⋯⋯⋯⋯⋯ 1/10 根（50g）
西洋芹⋯⋯⋯⋯⋯⋯⋯⋯ 1/2 根（40g）
青花菜⋯⋯⋯⋯⋯⋯⋯⋯ 2 朵（30g）
檸檬⋯⋯⋯⋯⋯⋯⋯⋯⋯ 1/4 顆（30g）
水⋯⋯⋯⋯⋯⋯⋯⋯⋯⋯ 200ml

A
法式清湯粉（顆粒）⋯1 小匙
塩麴⋯⋯⋯⋯⋯⋯⋯ 2 小匙
料酒⋯⋯⋯⋯⋯⋯⋯ 2 小匙
蒜泥⋯⋯⋯⋯⋯⋯⋯ 1 小匙

黑胡椒⋯⋯⋯⋯⋯⋯⋯⋯ 少許

作法

STEP 1　事先汆燙過的章魚切成好入口的大小。山藥去皮，和西洋芹一起切成 2 ～ 3cm 長的細絲，西洋芹的葉片切大塊。青花菜分成小朵。

STEP 2　將檸檬以外的食材、水、**A** 放入耐熱調理碗，輕輕攪拌混合後包上耐高溫保鮮膜，放入微波爐（500 瓦）中加熱 4 分鐘。加熱後，淋上檸檬汁。

STEP 3　裝盤，撒上黑胡椒。

有效提高營養吸收、舒緩疲勞的食材

提升腸胃機能、補氣的食材　山藥
維他命 B_1　大蒜
牛磺酸　章魚
檸檬酸　檸檬

美味的鮮蝦對緩解疲勞恢復精力也有極佳的效果

FOOD DATA

含醣量
17.7g

蛋白質含量
15.0g

南義風味鮮蝦南瓜湯

將南瓜和蝦子這兩種能提高腸胃機能，還可補氣的食材組合在一起。蝦子擁有豐富的牛磺酸，是能擊退疲勞的優秀食材。加上各色蔬菜、義大利香醋、白酒、橄欖油，讓這碗瘦身湯充滿義大利南方的浪漫風味。

材料（1人份）

帶殼生蝦（去頭）……4 隻（80g）
南瓜……………………50g
紅椒……………………1/8 顆（20g）
櫛瓜……………………1/3 根（50g）
酸豆……………………1 大匙
水………………………200ml

A
　法式清湯粉（顆粒）…1 ½ 小匙
　義大利香醋………1 大匙
　白酒……………………2 小匙
　蒜泥……………………1 小匙
　橄欖油……………………1 小匙
　鹽………………………少許

黑胡椒………………………少許

作法

STEP 1　南瓜、紅椒、櫛瓜切成 1cm 的小丁。

STEP 2　將所有食材、水、**A** 放入耐熱調理碗，輕輕攪拌混合後包上耐高溫保鮮膜，放入微波爐（500 瓦）中加熱 6 分鐘。

STEP 3　裝盤，撒上黑胡椒。

有效提高營養吸收、舒緩疲勞的食材

提升腸胃機能、補氣的食材　鮮蝦、南瓜
維他命 B₁　大蒜
牛磺酸　鮮蝦
檸檬酸　義大利香醋

自然又溫柔的鮮甜滋味

FOOD DATA

含醣量
21.9g

蛋白質含量
29.3g

南瓜什錦濃湯

將能提升腸胃機能兼補氣的南瓜、黃豆、甜蝦三種食材熬成一碗什錦濃湯。利用食物調理機將食材的精華完全釋放出來的濃湯，更容易被身體吸收。甜蝦的鮮加上南瓜與洋蔥的甘甜，醞釀出一碗暖心滋味。

材料（1人份）

汆燙過的鮮蝦‧‧‧‧‧‧‧‧‧‧‧ 5 隻（50g）
南瓜‧‧‧‧‧‧‧‧‧‧‧‧‧‧‧‧‧‧‧ 50g
洋蔥‧‧‧‧‧‧‧‧‧‧‧‧‧‧‧‧‧‧‧ 1/8 顆（30g）
水煮黃豆（罐裝）‧‧‧‧‧‧ 40g
歐芹‧‧‧‧‧‧‧‧‧‧‧‧‧‧‧‧‧‧‧ 少許
水‧‧‧‧‧‧‧‧‧‧‧‧‧‧‧‧‧‧‧‧‧ 50ml

A
法式清湯粉（顆粒）‧‧‧ 1 ½ 小匙
辣椒粉‧‧‧‧‧‧‧‧‧‧‧‧‧ 1 小匙
奶油乳酪‧‧‧‧‧‧‧‧‧‧‧ 30g
料酒‧‧‧‧‧‧‧‧‧‧‧‧‧‧‧ 2 小匙
蒜泥‧‧‧‧‧‧‧‧‧‧‧‧‧‧‧ 1 小匙
豆乳‧‧‧‧‧‧‧‧‧‧‧‧‧‧‧ 150ml

作法

STEP 1
南瓜、洋蔥切成好入口的大小，歐芹切碎。

STEP 2
將 STEP ① 做好的部分放入耐熱調理碗，包上耐高溫保鮮膜放入微波爐（500 瓦）中加熱 4 分鐘。

STEP 3
將 STEP ② 做好的部分和黃豆、汆燙過的蝦子、水、**A** 倒入食物調理機中，完整打碎攪拌至光滑細緻。

STEP 4
將 STEP ③ 做好的部分倒進耐熱調理碗，包上耐高溫保鮮膜，放入微波爐（500 瓦）中加熱 2 分鐘。

STEP 5
裝盤，撒上切碎的歐芹。

有效提高營養吸收、舒緩疲勞的食材

提升腸胃機能、補氣的食材　鮮蝦、南瓜、黃豆
維他命 B₁　大蒜
牛磺酸　鮮蝦

散發椰奶香氣的異國風味

FOOD DATA

含醣量
27.3g

蛋白質含量
14.8g

椰香地瓜濃湯

使用能提高腸胃機能兼補氣的地瓜、黃豆搭配而成的濃湯。地瓜、洋蔥和椰奶所散發的自然甘甜與杏仁的芳香都融化在奶油乳酪中，激發出更具深度的風味。這是一道充滿異國風情的美味瘦身湯。

材料（1人份）

水煮黃豆（罐裝）…50g
地瓜………………… 1/4 塊（50g）
洋蔥………………… 1/2 小顆（40g）
杏仁………………… 10 粒
水…………………… 100ml

A
法式清湯粉（顆粒）…1 ½ 小匙
奶油乳酪……… 30g
料酒………… 2 小匙
蒜泥………… 1 小匙
椰奶………… 150ml

作法

STEP 1 地瓜、洋蔥切成一口大小。

STEP 2 將 STEP ① 做好的部分放入耐熱調理碗，包上耐高溫保鮮膜放入微波爐（500 瓦）中加熱 4 分鐘。

STEP 3 將 STEP ② 做好的部分和黃豆、杏仁 6 顆、水、**A** 加入食物調理機中，完整打碎攪拌至光滑細緻。

STEP 4 將 STEP ③ 做好的部分倒進耐熱調理碗，包上耐高溫保鮮膜，放入微波爐（500 瓦）中加熱 2 分鐘。

STEP 5 裝盤，剩下的杏仁搗碎撒在湯面做裝飾。

有效提高營養吸收、舒緩疲勞的食材

提升腸胃機能、補氣的食材　黃豆、地瓜
維他命 B₁　大蒜

入口即溶，治癒系的日式濃湯

酸梅芋香濃湯

使用能提高腸胃機能兼補氣的芋頭與黃豆兩種食材，佐以含有檸檬酸的酸梅做為點綴。將油豆腐混合其中，增添入口即溶的獨特口感。在鰹魚風味的高湯中加入口感醇和的鹽麴，濃縮出這碗日式風味的瘦身湯。

材料（1人份）

水煮黃豆（罐裝）⋯⋯ 50g
油豆腐⋯⋯⋯⋯⋯⋯⋯ 1/3 片（50g）
青蔥（蔥白部分）⋯⋯ 1/3 根（30g）
酸梅⋯⋯⋯⋯⋯⋯⋯⋯ 1 大顆
水煮芋頭⋯⋯⋯⋯⋯⋯ 70g
水⋯⋯⋯⋯⋯⋯⋯⋯⋯ 50ml

A
鰹魚高湯（顆粒）⋯ 1 小匙
鹽麴⋯⋯⋯⋯⋯⋯ 2 小匙
料酒⋯⋯⋯⋯⋯⋯ 2 小匙
白芝麻碎⋯⋯⋯⋯ 1 大匙
蒜泥⋯⋯⋯⋯⋯⋯ 1 小匙
豆乳⋯⋯⋯⋯⋯⋯ 150ml

白芝麻⋯⋯⋯⋯⋯⋯⋯ 少許

作法

STEP 1
油豆腐、青蔥切一口大小，酸梅去籽、切碎。

STEP 2
將 STEP ① 做好的部分（切碎的酸梅除外）和水煮黃豆、水煮芋頭放入耐熱調理碗，包上耐高溫保鮮膜放入微波爐（500 瓦）中加熱 3 分鐘。

STEP 3
將 STEP ② 做好的部分和水、**A** 加入食物調理機中，完整打碎攪拌至光滑細緻。

STEP 4
將 STEP ③ 做好的部分倒進耐熱調理碗，包上耐高溫保鮮膜，放入微波爐（500 瓦）中加熱 2 分鐘。

STEP 5
裝盤，撒上白芝麻，再以切碎的酸梅裝飾湯面。

有效提高營養吸收、舒緩疲勞的食材

提升腸胃機能、補氣的食材　黃豆、芋頭
維他命 B₁　大蒜
檸檬酸　酸梅

Atsushi 親身實踐！
養成「易瘦體質」的習慣

　　我本身就是易胖體質，為了保持身材，除了瘦身湯外，早晨我只會吃一些當季的水果和喝水。早晨被我當成排泄的時間，重點在於排泄，這點非常重要。水果有很豐富的酵素，對消化和代謝有很大的助益，因為消化時間只需要 20 分鐘左右，腸胃能得到更好的休息，排泄機能提升後，自然會成為易瘦體質。

　　除此之外，我也會將無添加農藥的酢橘連皮一起加進礦泉水中，自製酢橘水，每天喝上好幾杯。酢橘的果皮含有「蘇達奇汀」（Sudachitin），是一種能促進燃燒脂肪的成分，對減脂瘦身有很不錯的效果。而我最近在進行的是 1 天裡 8 小時可隨意吃喝，剩下的 16 小時只喝水的「168 間歇性斷食」。最後一餐結束後經過 10 個小時，儲存在肝臟裡的醣類都被消化了，脂肪得到分解，轉化成能量被身體運用。經過 16 個小時，「細胞自噬作用」開始啟動，將體內的老廢細胞一掃而空，全身的器官和細胞都活泛了，肥胖問題便迎刃而解。

　　靠這個方法和瘦身湯，我在自肅期間上升的體重也在 1 個半月內減了 3kg。8 小時內可隨意進食讓減重瘦身變得更容易堅持了，非常推薦大家嘗試看看！

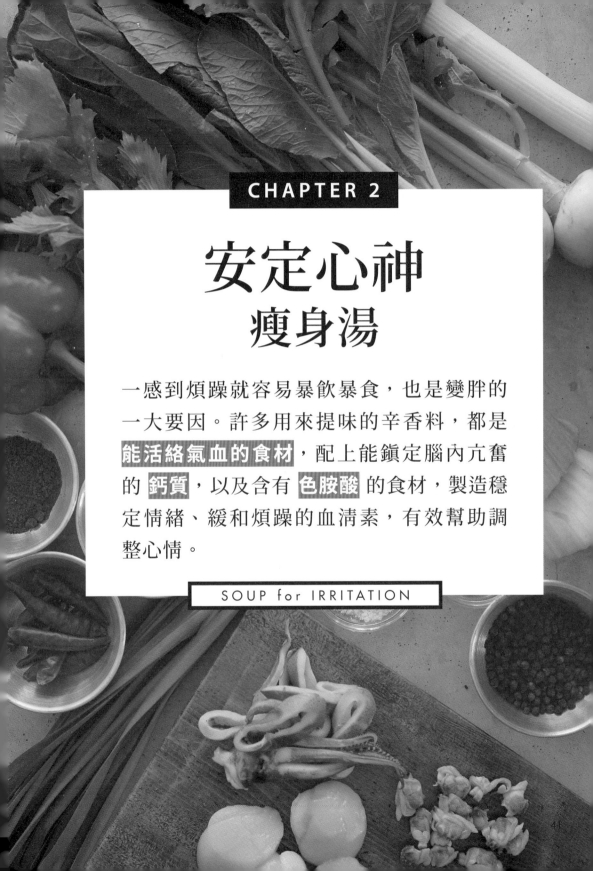

CHAPTER 2

安定心神
瘦身湯

一感到煩躁就容易暴飲暴食，也是變胖的一大要因。許多用來提味的辛香料，都是能活絡氣血的食材，配上能鎮定腦內亢奮的 鈣質，以及含有 色胺酸 的食材，製造穩定情緒、緩和煩躁的血清素，有效幫助調整心情。

SOUP for IRRITATION

柔和爽口的咖哩風味

令人忍不住沉迷

FOOD DATA

含醣量
17.2g

蛋白質含量
22.7g

香辣咖哩蛤蜊湯

蛤蜊、西洋芹、紅椒、蕪菁、檸檬、咖哩粉等，這道瘦身湯裡都是能活絡氣血的優質食材。蕪菁的菜葉含有豐富的鈣質，記得不要丟掉，一起加進湯裡。以含有色胺酸的豆乳當作基底，入口的辛辣味也變得柔和了，讓多層次的香氣治癒疲憊的身心。

材料（1 人份）

水煮蛤蜊（罐裝・帶汁水）…70g
西洋芹……………… 1/2 根（40g）
紅椒………………… 1/4 顆（40g）
蕪菁………………… 1 小顆（100g）
檸檬………………… 1/4 顆（30g）
水…………………… 50ml

A
　法式清湯粉（顆粒）… 1½ 小匙
　咖哩粉………… 2 小匙
　白酒…………… 2 小匙
　辣椒（切圈）… 1 根
　蒜泥、薑泥…… 各 1 小匙
　豆乳…………… 150ml

孜然…………… 1/2 小匙

作法

STEP 1
西洋芹、紅椒、蕪菁（菜葉以外）切成約 1cm 小丁，蕪菁菜葉切碎。1/4 顆檸檬切出一片半月狀薄片備用。

STEP 2
將水煮蛤蜊、西洋芹、紅椒、水、**A** 放入耐熱調理碗，攪拌混合後包上耐高溫保鮮膜，放入微波爐（500 瓦）加熱 5 分鐘。加熱後，再放入蕪菁菜葉。

STEP 3
裝盤，切成半月狀的檸檬片擺在湯面裝飾，剩餘的檸檬擠汁，最後撒上孜然。

有效安定心神的食材

可活絡氣血的食材　蛤蜊、西洋芹、紅椒、蕪菁、檸檬、咖哩粉、辣椒、大蒜、薑、孜然
鈣質　蕪菁菜葉
色胺酸　豆乳

自然的甘甜帶來暖心滋味

FOOD DATA

含醣量
10.7g

蛋白質含量
17.0g

五彩蛤蜊湯

使用能活絡氣血的蛤蜊、紅椒、黃椒、西洋芹、大蒜、黑胡椒，和有豐富鈣質的歐芹搭配而成的瘦身湯。多種提味辛香料帶來清爽的香氣與風味，突出微辣的口感，讓食物的美味在口中迸散。

材料（1人份）

水煮蛤蜊（罐裝・帶汁水）…70g
紅椒……………………1/4顆（40g）
黃椒……………………1/4顆（40g）
西洋芹…………………1/2根（40g）
油橄欖（無籽）………6顆
歐芹……………………少許
水………………………200ml

A
　法式清湯粉（顆粒）…1小匙
　鯷魚醬……………1小匙
　白酒………………2小匙
　蒜泥、薑泥………各1小匙

黑胡椒…………………少許

作法

STEP 1
紅椒、黃椒、西洋芹分別切成3cm長的細絲，歐芹切碎。

STEP 2
將歐芹以外的食材、水、A 放入耐熱調理碗，輕輕攪拌混合後包上耐高溫保鮮膜，放入微波爐（500瓦）中加熱5分鐘。加熱後，撒上切碎的歐芹。

STEP 3
裝盤，撒上黑胡椒。

有效安定心神的食材

可活絡氣血的食材　蛤蜊、紅椒、黃椒、西洋芹、大蒜、黑胡椒
鈣質　歐芹

墨魚的美味和起司的濃郁奶香
就是這碗瘦身湯的醍醐味

FOOD DATA

含醣量
9.3g

蛋白質含量
17.2g

墨魚蔬菜湯

以能活絡氣血的墨魚和各種提味辛香料組合而成的瘦身湯。小松菜不只能活絡氣血，還含有一定的鈣質，而同時擁有豐富鈣質與色胺酸的帕馬森乾酪，則讓食材的美味更具層次感。是一道能讓身心都得到滿足的瘦身湯。

材料（1人份）

汆燙過的墨魚…………… 70g
小松菜………………… 1/6 把（40g）
西洋芹………………… 1/2 根（40g）
黃椒…………………… 1/4 顆（40g）
檸檬…………………… 1/4 顆（30g）
水……………………… 200ml

A
法式清湯粉（顆粒）… 1 ½ 小匙
帕馬森乾酪…… 1 大匙
白酒………… 2 小匙
蒜泥………… 1 小匙

辣椒粉………………… 1 小匙

作法

STEP 1
小松菜切碎，西洋芹斜切成 3cm 的長度，黃椒切 3cm 長的細絲。

STEP 2
將檸檬以外的食材、水、**A** 放入耐熱調理碗，輕輕攪拌混合後包上耐高溫保鮮膜，放入微波爐（500瓦）中加熱 5 分鐘。加熱後，淋上檸檬汁。

STEP 3
裝盤，撒上辣椒粉。

有效安定心神的食材

可活絡氣血的食材 墨魚、小松菜、西洋芹、黃椒、檸檬、大蒜、辣椒粉
鈣質 小松菜、帕馬森乾酪
色胺酸 帕馬森乾酪

大海的香氣融合

酢橘的酸甜，

讓人感到神采飛揚

FOOD DATA

含醣量
7.3g

蛋白質含量
21.5g

酢橘墨魚湯

使用墨魚、蕪菁、片烤海苔、酢橘、大蒜等五種有助活絡氣血的食材。蕪菁的菜葉和油炸豆皮都具有豐富的鈣質。大海的香氣和酢橘的酸甜引人食指大動，本就爽口的瘦身湯加上魚露提鮮，讓美味更上一層樓。

材料（1人份）

汆燙過的墨魚⋯⋯⋯⋯70g
蕪菁⋯⋯⋯⋯⋯⋯⋯ 1 小顆（100g）
油炸豆皮⋯⋯⋯⋯⋯ 1/2 片（15g）
片烤海苔⋯⋯⋯⋯⋯⋯ 1 片
酢橘⋯⋯⋯⋯⋯⋯⋯⋯ 1 顆
水⋯⋯⋯⋯⋯⋯⋯⋯⋯200ml

A
法式清湯粉（顆粒）⋯ 1 小匙
魚露⋯⋯⋯⋯⋯⋯ 2 小匙
料酒⋯⋯⋯⋯⋯⋯ 2 小匙
蒜泥、薑泥⋯⋯⋯各 1 小匙

作法

STEP 1
蕪菁（菜葉以外）、油炸豆皮切成 3cm 長的細絲，蕪菁菜葉切大塊。片烤海苔切細碎。酢橘切兩片半月型薄片備用。

STEP 2
將酢橘以外的食材、水、A 放入耐熱調理碗，輕輕攪拌混合後包上耐高溫保鮮膜，放入微波爐（500 瓦）中加熱 5 分鐘。

STEP 3
裝盤，切成半月狀的兩片酢橘做爲裝飾，其餘酢橘擠汁。

有效安定心神的食材

可活絡氣血的食材 墨魚、蕪菁、片烤海苔、酢橘、大蒜
鈣質 蕪菁菜葉、油炸豆皮、片烤海苔

恰到好處的酸味與醇和的口感令人倍感療癒

奶油檸檬魩仔魚湯

魩仔魚加上兩種起司，這碗瘦身湯能讓你攝取到充分的鈣質。除此之外，還有各種活絡氣血的辛香料和含有色胺酸的豆乳，搭配出口感醇厚的奶油風味。

材料（1人份）

魩仔魚	40g
奶油乳酪	20g
西洋芹	1/2 根（40g）
橘色甜椒	1/4 顆（40g）
青蔥	1/3 根（30g）
鴨兒芹	少許
檸檬	1/3 顆（40g）
水	50ml

A
法式清湯粉（顆粒）	1 ½ 小匙
帕馬森乾酪	1 大匙
白酒	2 小匙
蒜泥	1 小匙
豆乳	150ml

作法

STEP 1
西洋芹、彩橘甜椒各切成1cm 小丁，青蔥切成蔥花。鴨兒芹切大片。檸檬切出幾片銀杏葉狀的薄片備用。

STEP 2
將鴨兒芹和檸檬以外的食材、水、**A**放入耐熱調理碗，輕輕攪拌混合後包上耐高溫保鮮膜，放入微波爐（500瓦）中加熱5分鐘。

STEP 3
裝盤，放入切成銀杏葉狀的檸檬片，剩餘的檸檬擠汁。最後擺上鴨兒芹做點綴。

有效安定心神的食材

可活絡氣血的食材 西洋芹、彩橘甜椒、青蔥、鴨兒芹、檸檬、大蒜
鈣質 魩仔魚、奶油乳酪、帕馬森乾酪
色胺酸 豆乳

以各種調味香料
引出牡蠣鮮甜的滋味

FOOD DATA

含醣量
15.0g

蛋白質含量
16.1g

香辣牡蠣海苔湯

使用牡蠣、片烤海苔、辛香料等多樣有助活絡氣血的食材，還有富含鈣質的油炸豆皮和白芝麻碎。在融合了牡蠣與烤海苔美味的湯品中，加入辣椒、豆瓣醬、酢橘，調和出辛辣卻也爽口的大海鮮味。

材料（1人份）

牡蠣	6隻（90g）
西洋芹	1/2根（40g）
黃椒	1/4顆（40g）
油炸豆皮	1/2片（15g）
片烤海苔	1片
酢橘	1顆
水	200ml

A
雞湯粉（顆粒）	1小匙
蠔油	2小匙
豆瓣醬	1小匙
料酒	2小匙
白芝麻碎	1大匙
蒜泥、薑泥	各1小匙

辣椒（切圈）………… 1根

作法

STEP 1
西洋芹、黃椒、油炸豆皮切成3cm長的細絲。海苔切細碎。酢橘切半。

STEP 2
將酢橘和辣椒以外的食材、水、A 放入耐熱調理碗，輕輕攪拌混合後包上耐高溫保鮮膜，放入微波爐（500瓦）中加熱5分鐘。加熱後，對半切開的酢橘一半擠汁，剩下的一半切細絲，加入湯品中拌勻。

STEP 3
裝盤，放入辣椒。

有效安定心神的食材

可活絡氣血的食材 牡蠣、西洋芹、黃椒、片烤海苔、酢橘、大蒜、辣椒
鈣質 油炸豆皮、白芝麻碎、片烤海苔

醇和的滋味與香氣，
讓情緒都沉澱平靜了

FOOD DATA

含醣量
7.1g

蛋白質含量
20.9g

香辣魚蛋湯

以含有色胺酸的雞蛋，與具備豐富鈣質的魩仔魚乾，搭配而成的湯品。其中還添加了茼蒿、西洋芹和韭菜等，多種有助活絡氣血的食材。雞蛋和魩仔魚乾細膩柔和的滋味，加上調味辛香料的豐富香氣，一定能讓躁動不安的情緒平復下來。

材料（1 人份）

魩仔魚乾⋯⋯⋯⋯⋯⋯ 30g
雞蛋⋯⋯⋯⋯⋯⋯⋯ 1 顆
茼蒿⋯⋯⋯⋯⋯⋯ 2 顆（40g）
西洋芹⋯⋯⋯⋯⋯ 1/3 根（30g）
韭菜⋯⋯⋯⋯⋯⋯⋯ 少許
水⋯⋯⋯⋯⋯⋯⋯ 200ml

```
┌  法式清湯粉（顆粒）⋯ 1 ½ 小匙
│  料酒⋯⋯⋯⋯⋯⋯ 2 小匙
A  辣椒（切圈）⋯⋯ 1 根
│  蒜泥、薑泥⋯⋯⋯ 各 1 小匙
└  辣椒粉⋯⋯⋯⋯⋯ 1/2 小匙
```

作法

STEP 1　雞蛋打散。茼蒿、西洋芹切碎，韭菜切成末。

STEP 2　將打散的雞蛋液和韭菜以外的食材、水、A 放入耐熱調理碗，輕輕攪拌混合後包上耐高溫保鮮膜，放入微波爐（500 瓦）中加熱 3 分鐘。

STEP 3　完成加熱動作後，將 STEP ② 的部分取出，加入打散的雞蛋液，再次包上耐高溫保鮮膜放入微波爐（500 瓦）中加熱 3 分鐘。

STEP 4　裝盤，撒上韭菜。

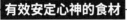

有效安定心神的食材

可活絡氣血的食材　茼蒿、西洋芹、韭菜、辣椒、大蒜、辣椒粉
鈣質　魩仔魚乾
色胺酸　雞蛋

擁有豐富香氣與酸甜滋味的
酢橘與牡蠣是絕妙好搭擋

FOOD DATA

含醣量
13.1g

蛋白質含量
13.1g

安定心神瘦身湯：RECIPE #18

時蔬牡蠣湯

以具有活絡氣血效果的高麗菜，和含有鈣質的油豆腐組合而成的湯品。除此之外，還添加了西洋芹、紅椒、酢橘等同樣有助氣血流通的辛香料。酢橘的香氣與酸味襯托出牡蠣的鮮美好滋味，加上油豆腐的醇厚口感，一定能讓身心都得到極大的滿足。

材料（1人份）

牡蠣⋯⋯⋯⋯⋯⋯⋯⋯ 5隻（75g）
油豆腐⋯⋯⋯⋯⋯⋯⋯ 1/3塊（50g）
高麗菜⋯⋯⋯⋯⋯⋯⋯ 40g
西洋芹⋯⋯⋯⋯⋯⋯⋯ 1/2根（40g）
紅椒⋯⋯⋯⋯⋯⋯⋯⋯ 1/4顆（40g）
酢橘⋯⋯⋯⋯⋯⋯⋯⋯ 1顆
水⋯⋯⋯⋯⋯⋯⋯⋯⋯ 200ml

A
法式清湯粉（顆粒）⋯1小匙
魚露⋯⋯⋯⋯⋯⋯⋯ 2小匙
料酒⋯⋯⋯⋯⋯⋯⋯ 2小匙
蒜泥、薑泥⋯⋯⋯⋯ 各1小匙

作法

STEP 1
油豆腐、高麗菜、西洋芹、紅椒切絲，酢橘切半。

STEP 2
將酢橘以外的食材、水、**A** 放入耐熱調理碗，輕輕攪拌混合後包上耐高溫保鮮膜，放入微波爐（500瓦）中加熱5分鐘。

STEP 3
裝盤，半顆酢橘擠汁，剩下的半顆切絲做為湯面點綴。

有效安定心神的食材

可活絡氣血的食材 牡蠣、高麗菜、西洋芹、紅椒、酢橘、大蒜
鈣質 牡蠣、油豆腐

静下心來享受這一碗微泛澀意的鮮美風味。

FOOD DATA

含醣量
17.3g

蛋白質含量
24.8g

鮭魚野蔬奶油濃湯

鮭魚與紅椒都是有助氣血活絡的食材，加上茅屋起司的鈣質和含色胺酸的豆乳相互融合。將辛香料的苦味、番茄的酸味、鮭魚和茅屋起司的醇和與豆乳的順滑融爲一體後，熬成這一碗層次豐富的美味瘦身湯。

材料（1 人份）

罐裝鮭魚……………50g
紅椒…………………1/2 顆（80g）
西洋芹………………1/2 根（40g）
鴨兒芹………………少許
番茄糊（罐裝）……1/3 罐（100g）
茅屋起司……………20g

A
法式清湯粉（顆粒）… 1 ½ 小匙
白酒醋………… 2 小匙
蒜泥…………… 1 小匙
豆乳…………… 150ml

黑胡椒………………少許

作法

STEP 1
紅椒、西洋芹切成好入口的大小，鴨兒芹切細碎。

STEP 2
將鴨兒芹以外的食材和 **A** 倒入食物調理機中，完整打碎攪拌至光滑細緻。

STEP 3
將 STEP ② 做好的部分倒進耐熱調理碗，包上耐高溫保鮮膜，放入微波爐（500 瓦）中加熱 4 分鐘。

STEP 4
裝盤，撒上黑胡椒，最後以鴨兒芹點綴湯面。

有效安定心神的食材

可活絡氣血的食材 罐裝鮭魚、紅椒、西洋芹、鴨兒芹、大蒜、黑胡椒
鈣質 茅屋起司
色胺酸 豆乳

所有食材的精華都溶在這碗暖心瘦身湯中

FOOD DATA

含醣量
16.0g

蛋白質含量
23.4g

帆立貝五蔬濃湯

有助活絡氣血的帆立貝，與小松菜、蕪菁、紫蘇等組合而成的一道濃湯。小松菜、蕪菁的菜葉、茅屋起司、紫蘇都具備營養的鈣質，豆乳則含有色胺酸。翠綠的提味辛香料與帆立貝的美味，都溶化在這碗暖心湯品中。

材料（1人份）

帆立貝·················· 3塊（70g）
小松菜·················· 1/5把（50g）
蕪菁···················· 1小顆（100g）
青蔥···················· 1/3根（30g）
茅屋起司················ 20g
油橄欖（無籽）····· 5顆
紫蘇···················· 5片
水····················· 50ml

A
　法式清湯粉（顆粒）··· 1½小匙
　蒜泥·············· 1小匙
　料酒·············· 2小匙
　豆乳·············· 150ml

初榨橄欖油·········· 少許

作法

STEP 1 小松菜、蕪菁、青蔥切成好入口的大小。紫蘇切細絲。

STEP 2 將小松菜、蕪菁、青蔥、帆立貝放入耐熱調理碗，包上耐高溫保鮮膜，放入微波爐（500瓦）中加熱3分鐘。

STEP 3 將STEP②做好的部分與茅屋起司、油橄欖、水、**A**倒入食物調理機中，完整打碎攪拌至光滑細緻。

STEP 4 將STEP③做好的部分放入耐熱調理碗，包上耐高溫保鮮膜，放入微波爐（500瓦）中加熱2分鐘。

STEP 5 裝盤，以紫蘇裝飾湯面，滴上少許初榨橄欖油。

有效安定心神的食材

可活絡氣血的食材 帆立貝、小松菜、蕪菁、青蔥、紫蘇、大蒜

鈣質 小松菜、蕪菁菜葉、紫蘇、茅屋起司

色胺酸 豆乳

減醣消脂瘦身湯，
越喝越美麗

「青春美麗永駐」應該是每位女性最大的心願吧。年輕的時候，或許會把天生的五官長相等做為美的定義。隨著年齡增長，肌膚的透明感、光滑柔順的秀髮和凹凸有致的身材曲線等整體姿態，才是檢驗美的標準。

在這一點上，比起其他努力更重要的就是飲食了。想要保持美麗的肌膚，無論是組織肌膚結構的蛋白質、防止肌膚老化的抗氧化成分，還有保持肌膚健康的維他命 B 和礦物質，都要充分攝取才行。

除此之外，想要秀髮柔順有光澤，則少不了蛋白質、鋅和碘等營養素，要維持身材曲線，同樣也需要以蛋白質為首的營養素。

如果腸道環境不健康，導致消化吸收的能力下降，那麼不管再怎麼補充營養，也無法傳送到肌膚、頭髮、肌肉等部位，所以攝取可清理腸內環境的膳食纖維與發酵食品是必不可或缺的。

換言之，每日的飲食若沒有好好攝取均衡的營養，就無法維持自身的美麗。

肌膚保養和化妝雖然也很重要，但最基本的還是每天所吃的食物。但是不用擔心，只要將原本的飲食習慣替換成本書中所介紹的瘦身湯品，就能輕鬆攝取身體所需的各種營養了。

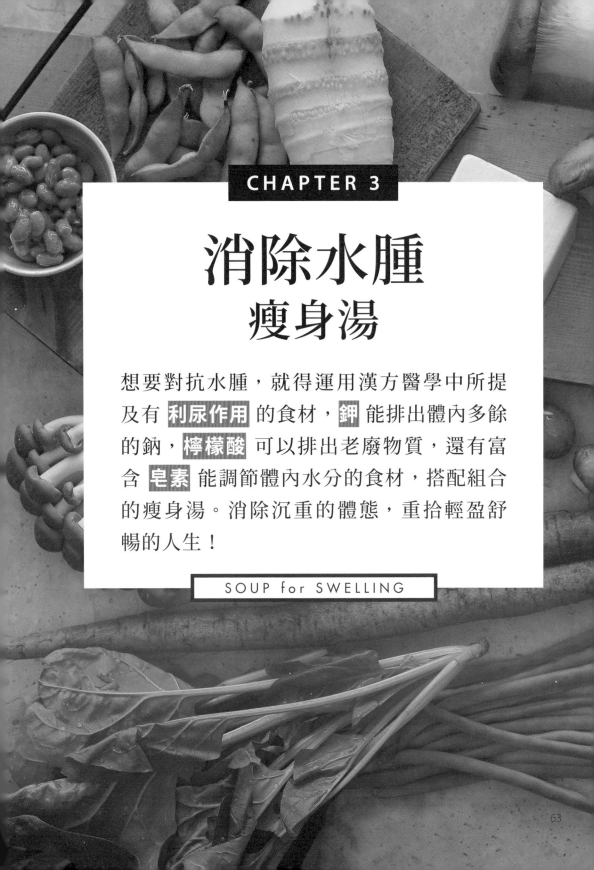

CHAPTER 3

消除水腫
瘦身湯

想要對抗水腫，就得運用漢方醫學中所提及有 利尿作用 的食材，鉀 能排出體內多餘的鈉，檸檬酸 可以排出老廢物質，還有富含 皂素 能調節體內水分的食材，搭配組合的瘦身湯。消除沉重的體態，重拾輕盈舒暢的人生！

SOUP for SWELLING

以各式調味料融合出令人沉迷其中的美味湯品

鮪魚菇菇湯

具有利尿作用的小松菜和牛蒡、洋菇，搭配含鉀量豐富的鮪魚組合而成的湯品。牛蒡同時含有能調節體內水分的皂素。醋的酸味、鹽麴的溫醇口感、芝麻油的誘人香氣，加上一味唐辛子的柔和微辣，融合出這碗令人沉迷的美味瘦身湯。

材料（1人份）

水煮鮪魚（罐裝・帶汁水）…1罐
小松菜……………… 1/8 把（30g）
牛蒡……………… 1/4 根（40g）
洋菇……………… 3 朵（30g）
乾香菇……………… 4～5 朵（5g）
水……………… 200ml

A
　　雞湯粉（顆粒）… 1 ½ 小匙
　　鹽麴……………… 2 小匙
　　醋……………… 1 大匙
　　白芝麻碎……… 1 大匙
　　料酒……………… 2 小匙
　　蒜泥、薑泥…… 各 1 小匙
　　芝麻油………… 少許

一味唐辛子……… 少許

作法

STEP 1 小松菜切碎，牛蒡切小段，洋菇切薄片。

STEP 2 將食材、水、**A** 放入耐熱調理碗，輕輕攪拌混合後包上耐高溫保鮮膜，放入微波爐（500 瓦）中加熱 5 分鐘。

STEP 3 裝盤，撒上一味唐辛子。

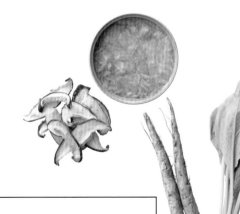

有效消除水腫的食材

有利尿作用的食材　小松菜、牛蒡、洋菇
鉀質　鮪魚、洋菇、乾香菇、醋、白芝麻碎、料酒、大蒜
檸檬酸　醋
皂素　牛蒡、大蒜

芥末清爽的香氣飄散在鼻尖

FOOD DATA

含醣量
20.1g

蛋白質含量
10.5g

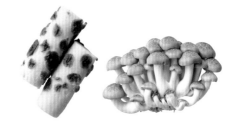

芥末野菇湯

以具有利尿作用且鉀質豐富的美姬菇、金針菇、豆角三種食材，搭配牛蒡，組合出這碗能有效消除水腫的瘦身湯。一口含進嘴裡，便能享受到食材的天然美味與隱藏在芥末香氣中的辛辣口感，令身心都得到最大的滿足。

材料（1人份）

烤竹輪……………………… 2根（50g）
美姬菇……………………… 1/3袋（30g）
金針菇……………………… 1/2袋（30g）
牛蒡………………………… 1/4根（40g）
豆角………………………… 4根（50g）
歐芹………………………… 少許
水…………………………… 200ml

A
法式清湯粉（顆粒）… 1 ½ 小匙
芥末醬……………… 1 大匙
白酒………………… 2 小匙
蒜泥、薑泥……… 各 1 小匙

作法

STEP 1
烤竹輪縱向切半後，再斜切成薄片。美姬菇、金針菇切除根部，美姬菇分小朵，金針菇平均切成 1cm 的長度。牛蒡連皮以縱向切半，再斜切成薄片，豆角斜切成 1cm 的長度。歐芹切碎。

STEP 2
將歐芹以外的食材、水、**A** 放入耐熱調理碗，輕輕攪拌混合後包上耐高溫保鮮膜，放入微波爐（500 瓦）中加熱 5 分鐘。加熱後，撒上切碎的歐芹。

有效消除水腫的食材

有利尿作用的食材 美姬菇、金針菇、牛蒡、豆角
鉀質 美姬菇、金針菇、豆角、歐芹、大蒜
皂素 牛蒡、大蒜

食材有嚼勁，讓臉部線條變得更緊實

毛豆竹筍湯

毛豆、玉米筍、竹筍、杏鮑菇、櫻花蝦乾，都是有助消除水腫的食材。由於這些食材都富有嚼勁，入口後咀嚼次數自然會增加，同時帶來緊緻臉型的效果。魚露的馥郁層次感，櫻花蝦乾的芳香，都令這道湯品加乘出更有深度的迷人風味。

材料（1人份）

毛豆⋯⋯⋯⋯⋯⋯⋯ 70g
玉米筍⋯⋯⋯⋯⋯⋯ 3根（30g）
水煮竹筍⋯⋯⋯⋯⋯ 40g
杏鮑菇⋯⋯⋯⋯⋯⋯ 1根（40g）
櫻花蝦乾⋯⋯⋯⋯⋯ 1大匙
韭菜⋯⋯⋯⋯⋯⋯⋯ 少許
水⋯⋯⋯⋯⋯⋯⋯⋯ 200ml

A
雞湯粉（顆粒）⋯ 1小匙
魚露⋯⋯⋯⋯⋯⋯ 2小匙
醋⋯⋯⋯⋯⋯⋯⋯ 1大匙
白芝麻碎⋯⋯⋯⋯ 1大匙
料酒⋯⋯⋯⋯⋯⋯ 2小匙
蒜泥、薑泥⋯⋯⋯各1小匙
黑胡椒⋯⋯⋯⋯⋯ 少許

作法

STEP 1
玉米筍切成均等的小段，竹筍、杏鮑菇切約1cm的小丁，韭菜切碎。

STEP 2
將韭菜以外的食材、水、**A** 放入耐熱調理碗，輕輕攪拌混合後包上耐高溫保鮮膜，放入微波爐（500瓦）中加熱5分鐘。加熱後，再放入韭菜。

STEP 3
裝盤，撒上黑胡椒。

有效消除水腫的食材

有利尿作用的食材 毛豆、玉米筍、竹筍、杏鮑菇

鉀質 毛豆、韭菜、乾櫻花蝦、醋、白芝麻碎、料酒、大蒜

檸檬酸 醋

皂素 毛豆、大蒜

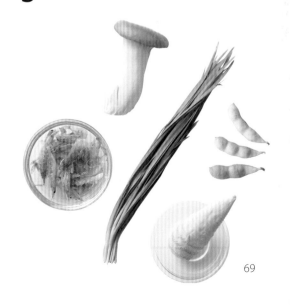

忍不住愛上這麻麻辣辣又滑順的口感

香辣味噌豆乳湯

有利尿作用且豐富鉀含量的納豆與豆乳，組合而成的瘦身湯。豆乳也含有能調節體內水分的皂素，消除水腫的效果極佳。味噌和豆乳能抑制納豆的臭味，使口感更加順滑，刺激的辛辣讓這道瘦身湯變得更佳美味。

材料（1人份）

納豆……………………… 1 盒
油炸豆皮………………… 1/2 片（15g）
西洋芹…………………… 1/3 根（30g）
白蘿蔔…………………… 30g
牛蒡……………………… 1/5 根（30g）
細香蔥…………………… 少許
水………………………… 50ml

A
雞湯粉（顆粒）… 1 ½ 小匙
味噌……………… 1 小匙
豆瓣醬…………… 1 小匙
白芝麻碎………… 1 大匙
料酒……………… 2 小匙
蒜泥、薑泥……… 各 1 小匙
辣椒粉…………… 少許
豆乳……………… 150ml

作法

STEP 1
油炸豆皮、西洋芹、白蘿蔔、牛蒡切成 3cm 長的細絲，細香蔥切成蔥花。

STEP 2
將細香蔥以外的食材、水、**A**放入耐熱調理碗，輕輕攪拌混合後包上耐高溫保鮮膜，放入微波爐（500 瓦）中加熱 5 分鐘。加熱後，撒上蔥花。

有效消除水腫的食材

有利尿作用的食材 納豆、西洋芹、白蘿蔔、牛蒡、豆乳

鉀質 納豆、味噌、白芝麻碎、料酒、大蒜、豆乳

皂素 納豆、油炸豆皮、牛蒡、味噌、大蒜、豆乳

適合用來招待賓客的高級湯品

FOOD DATA

含醣量
11.3g

蛋白質含量
18.3g

鰆魚番茄湯

含有豐富鉀質的鰆魚與小番茄，加上菠菜組合而成的奢侈美味。檸檬汁含有能排出體內老廢物質的檸檬酸，在小番茄與檸檬的清新酸甜滋味中，盡情品嚐這一道爽口的鮮美風味。

材料（1 人份）

鰆魚（切塊）········· 1 片份（70g）
小番茄················· 5 顆
西洋芹················· 1/2 根（40g）
菠菜··················· 1/10 把（20g）
檸檬··················· 1/4 顆（30g）
水····················· 200ml

法式清湯粉（顆粒）···1½ 小匙
鰻魚醬··········· 小匙
芥末籽醬········ 1 大匙
白酒············· 2 小匙
蒜泥、薑泥······ 各 1 小匙

黑胡椒················· 少許

作法

STEP 1
鰆魚切成好入口的大小。小番茄切半，西洋芹、菠菜切碎。

STEP 2
將檸檬以外的食材、水、 放入耐熱調理碗，輕輕攪拌混合後包上耐高溫保鮮膜，放入微波爐（500 瓦）中加熱 6 分鐘。加熱後，擠入檸檬汁。

STEP 3
裝盤，撒上黑胡椒。

有效消除水腫的食材

有利尿作用的食材 西洋芹、菠菜
鉀質 鰆魚、小番茄、菠菜、大蒜
檸檬酸 檸檬
皂素 大蒜

溫暖的和風湯品，讓美味沁入身心

FOOD DATA

含醣量
17.6g

蛋白質含量
17.0g

和風鮪魚牛蒡湯

使用有利尿作用的牛蒡、杏鮑菇，含鉀量豐富的鮪魚與紫蘇，含有檸檬酸的酸梅、黑醋等多種有助改善水腫的食材。以昆布高湯為底，搭配黑醋柔和的酸味與酸梅的爽口甘甜，每一口都是暖心入味的和風湯品。

材料（1人份）

水煮鮪魚（罐裝 · 帶汁水）⋯ 1 罐
牛蒡⋯⋯⋯⋯⋯⋯⋯ 1/3 根（50g）
蔥⋯⋯⋯⋯⋯⋯⋯⋯ 1/3 根（30g）
杏鮑菇⋯⋯⋯⋯⋯⋯⋯ 一片（30g）
酸梅⋯⋯⋯⋯⋯⋯⋯⋯ 1 顆
紫蘇⋯⋯⋯⋯⋯⋯⋯⋯ 5 片
水⋯⋯⋯⋯⋯⋯⋯⋯ 200ml

A
　昆布高湯（顆粒）⋯ 1 小匙
　鹽麴⋯⋯⋯⋯⋯⋯ 2 小匙
　黑醋⋯⋯⋯⋯⋯⋯ 1 大匙
　白芝麻碎⋯⋯⋯⋯ 1 大匙
　料酒⋯⋯⋯⋯⋯⋯ 2 小匙
　蒜泥、薑泥⋯⋯⋯ 各 1 小匙

作法

STEP 1 牛蒡、青蔥斜切薄片，杏鮑菇縱向切四塊後再切片。酸梅去籽，切碎。紫蘇切細絲。

STEP 2 將紫蘇以外的食材、水、**A** 放入耐熱調理碗，輕輕攪拌混合後包上耐高溫保鮮膜，放入微波爐（500 瓦）中加熱 5 分鐘。

STEP 3 裝盤，以紫蘇點綴湯面。

有效消除水腫的食材

有利尿作用的食材　牛蒡、杏鮑菇
鉀質　鮪魚、紫蘇、昆布高湯、黑醋、白芝麻碎、料酒、大蒜
檸檬酸　酸梅、黑醋
皂素　牛蒡、大蒜

誘引出深層的美味，

馥郁的大海香氣，

含醣量
8.8g

蛋白質含量
17.3g

海鮮酸辣湯

以含有豐富鉀質的鮮蝦爲主角的湯品。加入具有利尿作用兼滿滿鉀質的杏鮑菇與金針菇，在融合鰹魚高湯、鮮蝦、海帶芽的大海香氣與美味中，蠔油濃重的鮮味和醋的酸味，都讓這碗瘦身湯的美味度更上一層樓，值得用心品嚐。

材料（1人份）

帶殼生蝦（去頭）…… 4隻（80g）
杏鮑菇……………… 1根（40g）
青椒………………… 1顆（35g）
金針菇……………… 1/2袋（30g）
乾燥海帶芽………… 2g
細香蔥……………… 少許
水…………………… 200ml

A
┌ 鰹魚高湯（顆粒）… 1小匙
│ 蠔油……………… 2小匙
│ 醋………………… 1大匙
│ 料酒……………… 2小匙
└ 薑泥……………… 1小匙

白芝麻……………… 少許

作法

STEP 1
杏鮑菇和青椒切成2cm長的細絲，金針菇切除根部，同樣切成2cm長。細香蔥切蔥花。

STEP 2
將細香蔥以外的食材、水、**A**放入耐熱調理碗，輕輕攪拌混合後包上耐高溫保鮮膜，放入微波爐（500瓦）中加熱6分鐘。加熱後，撒上蔥花。

STEP 3
裝盤，撒上白芝麻。

有效消除水腫的食材

有利尿作用的食材 杏鮑菇、金針菇
鉀質 鮮蝦、紫蘇、杏鮑菇、金針菇、乾燥海帶芽、鰹魚高湯、醋、白芝麻
檸檬酸 醋

起司和杏仁都是
美味湯品中的靈魂角色

FOOD DATA

含醣量
16.1g

蛋白質含量
17.4g

檸檬起司濃湯

使用具有利尿作用且含有豐富鉀質與皂素的黃豆，再加入豆乳使這道濃湯更加營養。黃豆與豆乳的滑順口感，搭配奶油乳酪的醇厚和杏仁的芳香，以及檸檬的酸味，溶合出奶香四溢的柔和美味。

材料（1人份）

水煮黃豆（罐裝）…… 50g
黃椒…………………… 1/2 顆（80g）
玉米筍………………… 3 根（30g）
奶油乳酪……………… 30g
杏仁…………………… 5 顆
檸檬…………………… 1/3 顆（40）
水……………………… 200ml

A
法式清湯粉（顆粒）… 1 ½ 小匙
蒜泥………………… 1 小匙
豆乳………………… 50ml

作法

STEP 1　黃椒切成好入口的大小。切出幾片銀杏葉狀的檸檬備用。

STEP 2　將檸檬以外的食材、水、**A** 倒入食物調理機中，完整打碎攪拌至光滑細緻。

STEP 3　將 STEP ②做好的部分放入耐熱調理碗，包上耐高溫保鮮膜，放入微波爐（500 瓦）中加熱 4 分鐘。加熱後，擠入檸檬汁。

STEP 4　裝盤，擺上切成銀杏葉狀的檸檬片做裝飾。

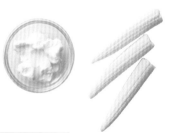

有效消除水腫的食材

有利尿作用的食材　黃豆、玉米筍
鉀質　黃豆、杏仁、大蒜、豆乳
檸檬酸　檸檬
皂素　黃豆、大蒜、豆乳

充滿魅力的柔和苦味
是成熟大人才懂得品嚐的湯品

FOOD DATA

含醣量
18.9g

蛋白質含量
20.8g

牛蒡蘑菇濃湯

使用能有效消除水腫的黃豆、牛蒡、蘑菇、豆乳等食材。牛蒡的柔和苦味，加上櫻花蝦乾、帕馬森乾酪的豐富滋味，融合出這碗屬於大人的美味濃湯。用以點綴的白芝麻，同樣含有對身體有益的鉀質。

材料（1人份）

水煮黃豆（罐裝）……50g
牛蒡……………………1/3 根（50g）
洋蔥……………………1/8 顆（30g）
洋菇……………………5 朵（50g）
乾櫻花蝦………………1 大匙
水………………………50ml

A
法式清湯粉（顆粒）…1 ½ 小匙
鹽麴……………………1 小匙
白芝麻碎………………1 大匙
帕馬森乾酪……………1 大匙
料酒……………………2 小匙
蒜泥……………………1 小匙
豆乳……………………150ml

白芝麻…………………少許
黑胡椒…………………少許

有效消除水腫的食材

有利尿作用的食材　黃豆、牛蒡、洋菇

鉀質　黃豆、洋菇、櫻花蝦乾、白芝麻碎、料酒、大蒜、豆乳、白芝麻

皂素　黃豆、大蒜、豆乳

作法

STEP 1　牛蒡、洋蔥切成好入口的大小。

STEP 2　將 STEP ①做好的部分、洋菇放入耐熱調理碗，包上耐高溫保鮮膜，放入微波爐（500 瓦）中加熱 4 分鐘。

STEP 3　將 STEP ②做好的部分和黃豆、櫻花蝦乾、水、A倒入食物調理機中，完整打碎攪拌至光滑細緻。

STEP 4　將 STEP ③做好的部分放入耐熱調理碗，包上耐高溫保鮮膜，放入微波爐（500 瓦）中加熱 2 分鐘。

STEP 5　裝盤，撒上白芝麻與黑胡椒。

極具滿足感，
令人回味無窮的美味濃湯

FOOD DATA

含醣量
13.7g

蛋白質含量
20.1g

魩仔魚菠菜味噌濃湯

具有利尿作用且高鉀的魩仔魚、菠菜、竹筍、味噌、豆乳等，對改善水腫極有助益的各類食材，交融而成的美味濃湯。魩仔魚的鮮美在味噌與白芝麻的襯托下，變得更佳飽滿，每一口都能帶來愉悅的滿足感。

材料（1人份）

魩仔魚⋯⋯⋯⋯⋯⋯⋯⋯ 40g
菠菜⋯⋯⋯⋯⋯⋯⋯⋯⋯ 1/5 把（40g）
水煮竹筍⋯⋯⋯⋯⋯⋯⋯ 30g
洋蔥⋯⋯⋯⋯⋯⋯⋯⋯⋯ 1/8 顆（30）
水⋯⋯⋯⋯⋯⋯⋯⋯⋯⋯ 50ml

A
雞湯粉（顆粒）⋯ 1½ 小匙
味噌⋯⋯⋯⋯⋯⋯ 1 小匙
白芝麻碎⋯⋯⋯⋯ 1 大匙
料酒⋯⋯⋯⋯⋯⋯ 2 小匙
蒜泥、薑泥⋯⋯⋯ 各 1 小匙
豆乳⋯⋯⋯⋯⋯⋯ 150ml

作法

STEP 1 菠菜、竹筍、洋蔥切成好入口的大小。

STEP 2 將 STEP ① 做好的部分和魩仔魚、水、**A**倒入食物調理機中，完整打碎攪拌至光滑細緻。

STEP 3 將 STEP ② 做好的部分放入耐熱調理碗，包上耐高溫保鮮膜，放入微波爐（500 瓦）中加熱 4 分鐘。

有效消除水腫的食材

有利尿作用的食材 菠菜、竹筍
鉀質 魩仔魚、菠菜、味噌、白芝麻碎、料酒、大蒜
皂素 味噌、大蒜、豆乳

3

想成功瘦身，必須
意志堅定

　　在減重期間，如果只是毫無章法地抱著「我想瘦下來」的念頭，是不可能成功瘦身的。最重要的是給自己訂一個明確的目標。只要有目標，就能更好地維持動力，也不怕被挫折打敗。

　　例如：「我想在朋友的婚禮穿上那件美美的洋裝，還想再瘦個2kg」，或是「為了能在夏天到來時穿上比基尼，想把肚子上的小肉肉都減掉」等，最好能為自己訂下具體的目標。

　　即使沒有目標，也可以買小一號的衣服，鞭策自己能在1個月後穿上，類似這種帶有期限的目標，就是能成功減重的祕訣。

　　如果在減重過程中，出現了無論如何都想吃的食物，那就不要勉強自己忌口。因為強迫只會產生壓力，反而會導致暴飲暴食。

　　我基本上會盡量克制高醣量的白飯，但無論如何都想吃的時候就會順從自己的渴望，之後再靠運動消耗多餘的熱量。就算吃多了，只要能自我調整，隨時都可以繼續減肥大業，也就是所謂的「七成靠努力，三分天注定」，張弛有度是每個人都該具備的瘦身觀念。

　　比起減肥瘦身，將「改變飲食習慣」持之以恆，才是擁有健美體態的訣竅。

CHAPTER 4

加速代謝
改善體寒
瘦身湯

代謝能力下降會產生體寒、血液循環不良
的症狀。在漢方醫學中，攝取能 溫補身體
的食材 和促進血液循環的 維他命 E，有助
毛細血管運作、促進鐵質吸收的 維他命 C
等營養的食材製成的湯品，即能有效溫養
身體。

SOUP for COLD SENSITIVITY

以含有豐富維他命E的明太子點綴湯品

FOOD DATA

含醣量
12.6g

蛋白質含量
25.0g

明太子花椰菜湯

使用能溫補身體的雞絞肉、洋蔥、鴨兒芹，加上含有大量維他命E的辣椒和富含維他命C的花椰菜。雞絞肉搭配鹽麴更顯醇和美味，再融合明太子的鹹香，令這道湯品的滋味更具層次感。

材料（1人份）

雞絞肉	50g
花椰菜	2朵（50g）
洋蔥	1/2小顆（40g）
金針菇	1/2袋（40g）
鴨兒芹	少許
水	200ml

A
- 雞湯粉（顆粒）
- 鹽麴 1小匙
- 料酒 2小匙
- 辣椒（切圈） 1根
- 蒜泥、薑泥 各1小匙

明太子 50g

作法

STEP 1 花椰菜、洋蔥、鴨兒芹切碎，金針菇切除根部後切細碎。

STEP 2 將鴨兒芹和明太子以外的食材、水、**A**放入耐熱調理碗，輕輕攪拌混合後包上耐高溫保鮮膜，放入微波爐（500瓦）中加熱6分鐘。加熱後，撒上鴨兒芹。

STEP 3 裝盤，加入明太子做點綴。

有效加速代謝、改善體寒的食材

能溫補身體的食材 雞絞肉、洋蔥、鴨兒芹、辣椒、大蒜、薑
維他命E 辣椒、明太子
維他命C 花椰菜

以多種溫補食材
改善體寒的毛病

FOOD DATA

含醣量
11.7g

蛋白質含量
19.8g

鯖魚酸辣湯

使用鯖魚、洋蔥、豆瓣醬、辣椒、大蒜、薑等多種溫補身體的食材。辣椒也含有豐富的維他命 E，以味噌、醋中和鯖魚的魚腥味。刺激的麻辣感一入口，就會從身體內部泛起陣陣暖意。

材料（1 人份）

水煮鯖魚（罐裝）……70g
香菇……………… 3 朵（30g）
洋蔥…………… 1/4 顆（50g）
青花菜…………… 4 朵（50g）
韭菜……………… 少許
酢橘……………… 1/2 顆
水……………… 200ml

A
雞湯粉（顆粒）… 1½ 小匙
味噌……………… 1 小匙
豆瓣醬…………… 1 小匙
料酒……………… 2 小匙
醋……………… 1 大匙
辣椒（切圈）…… 1 根
蒜泥、薑泥……… 各 1 小匙

作法

STEP 1 香菇切除根部後切薄片，洋蔥切成 2cm 長的薄片，青花菜切碎，韭菜切成末。酢橘切半。

STEP 2 將韭菜以外的食材、水、**A** 放入耐熱調理碗，輕輕攪拌混合後包上耐高溫保鮮膜，放入微波爐（500 瓦）中加熱 5 分鐘。加熱後，撒上韭菜，擠入酢橘汁。

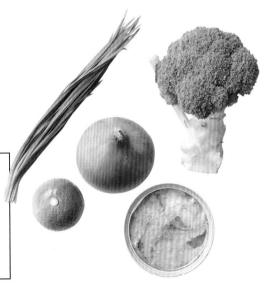

有效加速代謝、改善體寒的食材

能溫補身體的食材 鯖魚、洋蔥、韭菜、豆瓣醬、辣椒、大蒜、薑
維他命 E 辣椒
維他命 C 青花菜

生薑的香氣與滿滿的暖身能量

FOOD DATA

含醣量
15.1g

蛋白質含量
19.8g

鯖魚生薑湯

做為溫補食材的代表，生薑在這道湯品中佔有極重要的地位。同時添加了鯖魚、洋蔥、細香蔥、辣椒、辣椒粉等，多種具溫補功效的食材。昆布風味的湯底本就清甜，加上生薑和青椒的鮮明香氣，更能襯托出鯖魚的美味。

材料（1人份）

水煮鯖魚（罐裝）……70g
洋蔥……………………1/4 顆（50g）
青椒……………………2小顆(50g)
紅蘿蔔…………………1/5 根（20g）
生薑……………………10g
細香蔥…………………少許
水………………………200ml

A ┌ 昆布高湯（顆粒）…1 小匙
  │ 醬油……………………2 小匙
  │ 味醂……………………1 小匙
  │ 料酒……………………2 小匙
  │ 辣椒（切小圈）…1 根
  │ 蒜泥……………………1小匙
  └ 白芝麻碎…………1 大匙
辣椒粉……………………少許

作法

STEP 1 洋蔥切成 2cm 長的薄片，青椒以縱向切四塊再斜切成絲，紅蘿蔔、生薑切細絲，細香蔥切成蔥花。

STEP 2 將細香蔥以外的食材、水、A 放入耐熱調理碗，輕輕攪拌混合後包上耐高溫保鮮膜，放入微波爐（500 瓦）中加熱 5 分鐘。加熱後，撒上細香蔥。

STEP 3 裝盤，撒上辣椒粉。

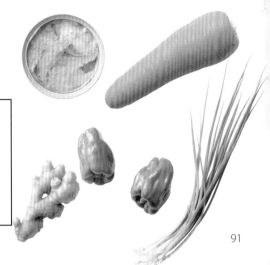

有效加速代謝、改善體寒的食材

能溫補身體的食材 鯖魚、洋蔥、生薑、細香蔥、辣椒、大蒜、辣椒粉

維他命 E 辣椒

維他命 C 青椒

刺激辛辣的口感，讓身體暖和得都出汗了

加速代謝、改善體寒瘦身湯：RECIPE #34

香辣納豆蔬菜湯

除了納豆外，還添加了青蔥、細香蔥、韓式辣醬、辣椒、大蒜、薑等，多樣溫補身體的食材，再搭配含有維他命 C、E 的紅椒。辛辣的口感吃著吃著就忍不住冒汗。一整盒納豆能帶來飽足感，光這一碗瘦身湯就能得到極大的滿足。

材料（1 人份）

納豆	1 盒
明太子	50g
青蔥	1/5 根（20g）
大白菜	50g
紅色甜椒	1/8 顆（20g）
油炸豆皮	1/2 片（15g）
細香蔥	少許
水	200ml

A
雞湯粉（顆粒）	1 ½ 小匙
韓式辣醬	2 小匙
料酒	2 小匙
黑芝麻碎	1 大匙
辣椒（切小圈）	1 根
蒜泥、薑泥	各 1 小匙

作法

STEP 1
青蔥斜切成段，大白菜、紅椒切 3cm 長的細絲，油炸豆皮橫向切半後再切絲，細香蔥切成蔥花。

STEP 2
將明太子和細香蔥以外的食材、水、**A** 放入耐熱調理碗，輕輕攪拌混合後包上耐高溫保鮮膜，放入微波爐（500瓦）中加熱 5 分鐘。加熱後，撒上細香蔥。

有效加速代謝、改善體寒的食材

能溫補身體的食材 納豆、青蔥、細香蔥、韓式辣醬、辣椒、大蒜、薑

維他命 E 明太子、紅椒、辣椒

維他命 C 紅椒

防止體寒同時還能抗衰老

FOOD DATA

含醣量
9.8g

蛋白質含量
23.1g

鮭魚野蔬湯

這道湯品使用了能溫養身體的鮭魚與青蔥，加上具有暖身效果的一味唐辛子做爲點綴。鮭魚含有抗氧化力極高的蝦紅素，同時還能預防衰老。清爽的酸味與恰到好處的辛辣，融合出這碗能帶來飽足感的美味瘦身湯。

材料（1人份）

鮭魚（切片）…………… 1片（100g）
大白菜………………… 30g
青蔥…………………… 1/2根（50g）
香菇…………………… 3朵（30g）
鴨兒芹………………… 少許
水……………………… 200ml

A
┌ 法式清湯粉（顆粒）… 1小匙
│ 魚露………………… 1½小匙
│ 醋…………………… 1大匙
│ 料酒………………… 2小匙
│ 辣椒（切圈）…… 1根
└ 蒜泥、薑泥……… 各1小匙

一味唐辛子……………………少許

作法

STEP 1 鮭魚切成好入口的大小。大白菜、青蔥切3cm長的小段，香菇切除根部後切成薄片。鴨兒芹切碎。

STEP 2 將鴨兒芹以外的食材、水、**A**放入耐熱調理碗，輕輕攪拌混合後包上耐高溫保鮮膜，放入微波爐（500瓦）中加熱6分鐘。加熱後，撒上鴨兒芹。

STEP 3 裝盤，撒上一味唐辛子。

有效加速代謝、改善體寒的食材

能溫補身體的食材 鮭魚、青蔥、鴨兒芹、辣椒、大蒜、薑、一味唐辛子
維他命E 辣椒

除了色彩豐富誘人食指大動外，
充滿嚼勁的各色食材也是一大享受

FOOD DATA

含醣量
18.0g

蛋白質含量
18.1g

五彩南瓜湯

含有豐富維他命 E 的南瓜和紅椒組合而成的一道湯品，具有溫養身體的效果。加入醋後，更顯柔和爽口。章魚和各色蔬菜都有相當的嚼勁，愈嚼愈能感受到食材在口中慢慢融化的美味，值得細細品嚐。

材料（1 人份）

汆燙過的章魚⋯⋯⋯⋯ 70g
南瓜⋯⋯⋯⋯⋯⋯⋯⋯ 50g
紅椒⋯⋯⋯⋯⋯⋯⋯ 1/8 顆（20g）
青蔥⋯⋯⋯⋯⋯⋯⋯ 1/3 根（30g）
韭菜⋯⋯⋯⋯⋯⋯⋯⋯ 少許
水⋯⋯⋯⋯⋯⋯⋯⋯⋯ 200ml

A
┌ 雞湯粉（顆粒）⋯ 1 小匙
│ 蠔油⋯⋯⋯⋯⋯⋯ 1 小匙
│ 醋⋯⋯⋯⋯⋯⋯⋯ 1 大匙
│ 料酒⋯⋯⋯⋯⋯⋯ 2 小匙
└ 蒜泥、薑泥⋯⋯⋯ 各 1 小匙

作法

STEP 1 事先汆燙過的章魚切成好入口的大小。南瓜、紅椒切 3cm 長的細絲，青蔥斜切成 3cm 長的小段，韭菜切碎。

STEP 2 將韭菜以外的食材、水、**A** 放入耐熱調理碗，輕輕攪拌混合後包上耐高溫保鮮膜，放入微波爐（500 瓦）中加熱 5 分鐘。

STEP 3 裝盤，撒上切碎的韭菜。

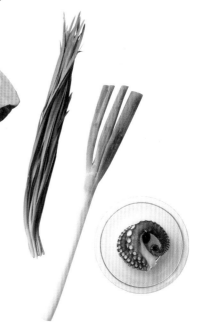

有效加速代謝、改善體寒的食材

能溫補身體的食材 章魚、南瓜、青蔥、韭菜、大蒜、薑
維他命 E 南瓜、紅椒
維他命 C 紅椒

鮮蝦是擊退體寒的強力幫手

FOOD DATA

含醣量
11.3g

蛋白質含量
15.9g

鮮蝦豆角柚子胡椒湯

以鮮蝦做爲暖身主角的一道湯品。鮮蝦含有能促進血液循環的維他命 E，對改善體寒有極大的功效。柚子胡椒做爲整道湯品中的氣味重點，同樣也具有溫暖身體的效果。魚露的鮮美滋味加上柚子胡椒的爽口辛辣組合出獨樹一格的特色風味。

材料（1人份）

帶殼生蝦（去頭）⋯⋯ 4 隻（80g）
豆角⋯⋯⋯⋯⋯⋯⋯⋯⋯ 6 根（75g）
紅椒⋯⋯⋯⋯⋯⋯⋯⋯⋯ 1/4 顆（40g）
青蔥⋯⋯⋯⋯⋯⋯⋯⋯⋯ 1/3 根（30g）
細香蔥⋯⋯⋯⋯⋯⋯⋯⋯ 少許
水⋯⋯⋯⋯⋯⋯⋯⋯⋯⋯ 200ml

A
雞湯粉（顆粒）⋯ 1 小匙
魚露⋯⋯⋯⋯⋯⋯ 1½ 小匙
柚子胡椒⋯⋯⋯⋯ 1 小匙
料酒⋯⋯⋯⋯⋯⋯ 2 小匙
醋⋯⋯⋯⋯⋯⋯⋯ 1 大匙
辣椒（切圈）⋯⋯ 1 根
蒜泥、薑泥⋯⋯⋯ 各 1 小匙

作法

STEP 1
豆角斜切成薄片，紅椒切成 3cm 長的細絲，青蔥斜切成 3cm 長的小段，細香蔥切成蔥花。

STEP 2
將細香蔥以外的食材、水、**A** 放入耐熱調理碗，輕輕攪拌混合後包上耐高溫保鮮膜，放入微波爐（500 瓦）中加熱 6 分鐘。加熱後撒上蔥花。

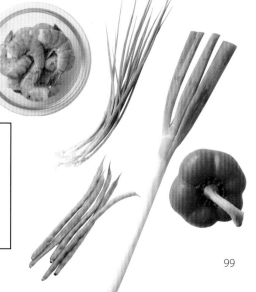

有效加速代謝、改善體寒的食材

能溫補身體的食材 鮮蝦、青蔥、細香蔥、柚子胡椒、辣椒、大蒜、薑
維他命 E 鮮蝦、紅椒、辣椒
維他命 C 紅椒

身心都感到溫暖的
柔和咖哩風味

FOOD DATA

含醣量
18.7g

蛋白質含量
22.0g

加速代謝、改善體寒瘦身湯：RECIPE #38

魩仔魚咖哩湯

使用富含維他命E的南瓜和紅椒，加上魩仔魚、洋蔥、韭菜、咖哩粉、芥末籽醬等佐料，以上這些無論是食材或調味料都具有暖體的功效。不只能享受到蔬菜與魩仔魚的美味，入口的同時身心也被溫暖了，別忘了還有能使情緒舒緩的咖哩好滋味。

材料（1人份）

魩仔魚⋯⋯⋯⋯⋯⋯⋯⋯ 70g
南瓜⋯⋯⋯⋯⋯⋯⋯⋯⋯ 40g
洋蔥⋯⋯⋯⋯⋯⋯⋯ 1/8 顆（30g）
紅椒⋯⋯⋯⋯⋯⋯⋯ 1/4 顆（40g）
油炸豆皮⋯⋯⋯⋯⋯ 1/4 張（8g）
韭菜⋯⋯⋯⋯⋯⋯⋯⋯ 少許
水⋯⋯⋯⋯⋯⋯⋯⋯⋯ 200ml

A
法式清湯粉（顆粒）⋯1 ½ 小匙
咖哩粉⋯⋯⋯⋯⋯ 2小匙
料酒⋯⋯⋯⋯⋯⋯ 2小匙
芥末籽醬⋯⋯⋯⋯ 2小匙
蒜泥、薑泥⋯⋯⋯各1小匙

作法

STEP 1 南瓜、洋蔥、紅椒成 1cm 的小丁，油炸豆皮切細絲，韭菜切碎。

STEP 2 將韭菜以外的食材、水、A 放入耐熱調理碗，輕輕攪拌混合後包上耐高溫保鮮膜，放入微波爐（500瓦）中加熱 5 分鐘。加熱後撒上韭菜。

有效加速代謝、改善體寒的食材

能溫補身體的食材 魩仔魚、南瓜、洋蔥、韭菜、咖哩粉、芥末籽醬、大蒜、薑
維他命E 南瓜、紅椒
維他命C 紅椒

南瓜的香甜悄悄融合在
溫柔的咖哩美味中

FOOD DATA

含醣量
30.3g

蛋白質含量
18.6g

綜合果仁咖哩南瓜濃湯

具有暖身療效的洋蔥、咖哩粉、芥末醬、大蒜，加上富含維他命 E 的南瓜和杏仁融合而成的一道濃湯。用以裝飾的歐芹也含有豐富的維他命 C。在溫柔的咖哩風味中，依然能感受到南瓜的自然香甜與杏仁香氣。

材料（1人份）

綜合果仁⋯⋯⋯⋯⋯⋯ 50g
南瓜⋯⋯⋯⋯⋯⋯⋯⋯ 40g
洋蔥⋯⋯⋯⋯⋯⋯⋯⋯ 1/8 顆（30g）
杏仁⋯⋯⋯⋯⋯⋯⋯⋯ 10 顆
歐芹⋯⋯⋯⋯⋯⋯⋯⋯ 少許
水⋯⋯⋯⋯⋯⋯⋯⋯⋯ 50ml

A
法式清湯粉（顆粒）⋯ 1 ½ 小匙
咖哩粉⋯⋯⋯⋯⋯⋯ 2 小匙
芥末醬⋯⋯⋯⋯⋯⋯ 2 小匙
帕馬森乾酪⋯⋯⋯⋯ 1 大匙
料酒⋯⋯⋯⋯⋯⋯⋯ 2 小匙
蒜泥⋯⋯⋯⋯⋯⋯⋯ 1 小匙
橄欖油⋯⋯⋯⋯⋯⋯ 1 小匙
豆乳⋯⋯⋯⋯⋯⋯⋯ 150ml

孜然⋯⋯⋯⋯⋯⋯少許

有效加速代謝、改善體寒的食材

能溫補身體的食材　南瓜、洋蔥、咖哩粉、芥末醬、大蒜、孜然

維他命 E　南瓜、杏仁

維他命 C　歐芹

作法

STEP 1 南瓜、洋蔥切成好入口的大小。歐芹切碎。

STEP 2 將南瓜、洋蔥放入耐熱調理碗，包上耐高溫保鮮膜，放入微波爐（500 瓦）中加熱 4 分鐘。

STEP 3 將 STEP ② 做好的部分和綜合果仁、杏仁、水、**A** 倒入食物調理機中，完整打碎攪拌至光滑細緻。

STEP 4 將 STEP ③ 做好的部分倒進耐熱調理碗，包上耐高溫保鮮膜，放入微波爐（500 瓦）中加熱 2 分鐘。

STEP 5 裝盤，以歐芹點綴湯面，撒上孜然。

藉由辣椒粉的能量溫暖冰涼的身體

FOOD DATA

含醣量
19.8g

蛋白質含量
20.0g

什錦濃湯

大量使用能使身體溫暖的辣椒粉，加上黃豆、洋蔥、豆乳等食材，令這道濃湯原本辛辣的口感也變得溫醇了。在紅蘿蔔樸實的味道中，加入富含維他命E的花生、奶油乳酪等使，口感更爲濃郁醇厚。

材料（1人份）

水煮黃豆（罐裝）……50g
紅蘿蔔………………1/3 根（50g）
洋蔥…………………1/8 顆（30g）
花生…………………10 顆
水……………………50ml

A
┌ 法式清湯粉（顆粒）…1 ½ 小匙
│ 辣椒粉……………… 2 小匙
│ （取少許做為湯面點綴用）
│ 油乳酪……………20g
│ 料酒……………… 2 小匙
│ 蒜泥……………… 1 小匙
│ 橄欖油…………… 1 小匙
└ 豆乳………………150ml
初榨橄欖油………… 少許

作法

STEP 1 紅蘿蔔、洋蔥切成好入口的大小。

STEP 2 將 STEP ① 做好的部分放入耐熱調理碗，包上耐高溫保鮮膜，放入微波爐（500 瓦）中加熱 4 分鐘。

STEP 3 將 STEP ② 做好的部分和水煮黃豆、花生、水、A 倒入食物調理機中，完整打碎攪拌至光滑細緻。

STEP 4 將 STEP ③ 做好的部分倒進耐熱調理碗，包上耐高溫保鮮膜，放入微波爐（500 瓦）中加熱 2 分鐘。

STEP 5 裝盤，撒上辣椒粉，滴上幾滴初榨橄欖油。

有效加速代謝、改善體寒的食材

能溫補身體的食材 洋蔥、辣椒粉、紅蘿蔔
維他命E 花生

為什麼「腸道健康」
如此重要？

我總是在湯品中使用大量能清理腸道的食材，那是因為「腸道健康」比任何事都更為重要。

當腸道健康不佳時，不僅會造成便祕，消化吸收能力也會因此下降，就算攝取再多營養，也無法傳送到肌膚、頭髮、肌肉等部位，只能無奈看著效果減半。

現在全球新冠病毒肆虐，提高免疫力就成了非常重要的一環，因此必須更加注重腸道健康。

腸道聚集了身體約七成的免疫細胞，可說是體內最大的免疫器官。為了讓自身的免疫機能正常運作，保持腸道健康便成為不可或缺的事。

除此之外，腸道的狀態也會影響心情。能安定心神，被稱為「快樂賀爾蒙」，也是神經傳遞物質的血清素，在腸內製造後，傳送至腦部。當腸道環境十分健康時，便有充足的血清素被送往大腦使精神安定，且讓人擁有積極樂觀的心態。

反之，當腸道環境不佳時，即會造成血清素不足，使人感到消極沮喪。正因如此，「腸道健康」才無比重要。

除了膳食纖維和發酵食品之外，含有寡醣、鎂的食材也對清理腸道環境有益，每天都該積極攝取。

CHAPTER 5

增強免疫力
瘦身湯

失眠、免疫力低下、貧血也是眾多女性都有的煩惱。本章節將針對這 3 項症狀介紹適合飲用的湯品。**色胺酸**、**γ- 氨基丁酸**（**GABA**）、**甘胺酸** 對失眠有所助益；想提升免疫力則需要多攝取 **維他命 A、C、E** 和 **發酵食品**；**鐵質** 和 **維他命 C** 對貧血症狀相當有效果。

SOUP for WORRIES

放鬆身心，提升睡眠品質

FOOD DATA

含醣量
13.0g

蛋白質含量
26.6g

番茄鮮蝦起司湯

色胺酸是能安定心神的「血清素」的形成原料，γ- 氨基丁酸（GABA）能令身心感到放鬆，甘胺酸會令深部體溫下降讓人更容易入眠，以上 3 種成分都對改善失眠有一定的效果。食用含有這 3 種成分的食材做成的湯品，可提高睡眠品質。

材料（1 人份）

帶殼生蝦（去頭）… 4 隻（80g）
水煮黃豆（罐裝）…50g
洋蔥……………… 1/4 顆（50g）
櫛瓜……………… 1/ 4 根（30g）
杏仁……………… 6 顆
番茄糊（罐裝）…… 1/3 罐（100g）
歐芹……………… 少許
水………………… 200ml

A
法式清湯粉（顆粒）… 1 ½ 小匙
鯷魚醬………… 1 小匙
帕馬森乾酪…… 1 大匙
白酒…………… 2 小匙
蒜泥………… 1 小匙

作法

STEP 1 洋蔥切碎，櫛瓜切成 1cm 的小丁。杏仁磨細碎。歐芹切碎。

STEP 2 將歐芹以外的食材、水、**A** 放入耐熱調理碗，輕輕攪拌混合後包上耐高溫保鮮膜，放入微波爐（500 瓦）中加熱 6 分鐘。

STEP 3 裝盤，最後再撒上切碎的歐芹。

有效改善失眠的食材

色胺酸	黃豆、杏仁、帕馬森乾酪
GABA	番茄
甘胺酸	鮮蝦

在溫醇的味道中被治癒，安安穩穩地睡個好覺

FOOD DATA

含醣量
19.0g

蛋白質含量
28.7g

帆立貝起司豆乳湯

含有色胺酸的黃豆和腰果、豆乳，內含 GABA 的小番茄，加上有豐富甘胺酸的帆立貝組合而成的一道湯品。在帆立貝的鮮甜海味中，絲滑醇厚的奶香能令心靈感到平靜，就這麼緩緩沉入深眠之中。

材料（1 人份）

帆立貝……………… 3 塊（70g）
水煮黃豆……………… 50g
洋蔥………………… 1/8 顆（30g）
豆角………………… 3 根（40g）
小番茄……………… 4 顆
腰果………………… 6 顆
水…………………… 50ml

A
法式清湯粉（顆粒）…1½ 小匙
奶油乳酪………… 20g
料酒……………… 2 小匙
蒜泥……………… 1 小匙
豆乳……………… 150ml

作法

STEP 1 洋蔥切碎，豆角斜切約 1cm 長。小番茄切半。

STEP 2 將所有食材、水、**A** 放入耐熱調理碗，輕輕攪拌混合後包上耐高溫保鮮膜，放入微波爐（500 瓦）中加熱 6 分鐘。

有效改善失眠的食材

色胺酸　黃豆、腰果、豆乳
GABA　小番茄
甘胺酸　帆立貝

靠維他命和發酵食品擊退疾病

FOOD DATA

含醣量
15.9g

蛋白質含量
17.5g

韓式鮪魚泡菜湯

含有大量維他命Ａ（β－胡蘿蔔素）的紅蘿蔔，能有效強化鼻腔與喉嚨黏膜，富含維他命Ｅ的白芝麻碎有極為出色的抗氧化作用，加上能清理腸道環境的泡菜與味噌等發酵食品。韓式泡菜的酸味與辛辣、味噌的濃醇都融合在鮮美的鰹魚高湯中，組合出這道美味的湯品。

材料（1人份）

水煮鮪魚（罐裝 · 帶汁水）… 1罐
韓式泡菜………………… 50g
青蔥（蔥綠部份）…… 40g
紅蘿蔔………………… 1/5 根（30g）
韭菜…………………… 少許
水…………………… 200ml

A
鰹魚高湯（顆粒）… 1 小匙
味噌…………… 1 小匙
韓式辣醬……… 1 小匙
白芝麻碎……… 1 大匙
料酒…………… 2 小匙
蒜泥 · 薑泥……… 各 1 小匙

作法

STEP 1 韓式泡菜切成好入口的大小。青蔥斜切成 3cm 長的小段，紅蘿蔔切 3cm 長的細絲，韭菜切碎。

STEP 2 將韭菜以外的食材、水、A 放入耐熱調理碗，輕輕攪拌混合後包上耐高溫保鮮膜，放入微波爐（500 瓦）中加熱 5 分鐘。加熱後撒上切碎的韭菜。

有效增強免疫力的食材

維他命Ａ　紅蘿蔔
維他命Ｅ　白芝麻碎
發酵食品　韓式泡菜、味噌、韓式辣醬

保持腸道健康以強化免疫機能

FOOD DATA

含醣量
14.8g

蛋白質含量
14.5g

114

香辣納豆湯

含有維他命C的黃椒與檸檬，能使做爲免疫細胞的白血球活性化，小松菜富含能強化黏膜的維他命A（β－胡蘿蔔素），白芝麻的維他命E有極佳的抗氧化作用，再佐以納豆、豆瓣醬等發酵食品。腸道健康了，自然能擁有足以戰勝疾病的強健身體。

材料（1人份）

納豆‧‧‧‧‧‧‧‧‧‧‧‧‧‧‧‧‧‧‧‧ 1 盒
洋蔥‧‧‧‧‧‧‧‧‧‧‧‧‧‧‧‧‧‧‧‧ 1/4 顆（50g）
小松菜‧‧‧‧‧‧‧‧‧‧‧‧‧‧‧‧‧ 1/6 把（40g）
黃椒‧‧‧‧‧‧‧‧‧‧‧‧‧‧‧‧‧‧‧‧ 1/4 顆（40g）
水‧‧‧‧‧‧‧‧‧‧‧‧‧‧‧‧‧‧‧‧‧‧ 200ml

A
┌ 雞湯粉（顆粒）‧‧‧ 1 ½ 小匙
│ 豆瓣醬‧‧‧‧‧‧‧‧‧‧‧‧‧‧ 2 小匙
│ 白芝麻碎‧‧‧‧‧‧‧‧‧‧‧ 1 大匙
│ 料酒‧‧‧‧‧‧‧‧‧‧‧‧‧‧‧‧ 2 小匙
│ 蒜泥、薑泥‧‧‧‧‧‧‧ 各 1 小匙
└ 一味唐辛子‧‧‧‧‧‧‧‧ 少許

櫻花蝦乾‧‧‧‧‧‧‧‧‧‧‧‧‧‧‧ 2 大匙
白芝麻‧‧‧‧‧‧‧‧‧‧‧‧‧‧‧‧‧ 少許
檸檬‧‧‧‧‧‧‧‧‧‧‧‧‧‧‧‧‧‧‧ 1/4 顆（30g）

作法

STEP 1
洋蔥切 3cm 長的薄片，小松菜切 1cm 長。黃椒切成 3cm 長的細絲。

STEP 2
將 STEP ① 的食材和納豆、水、**A** 放入耐熱調理碗，輕輕攪拌混合後包上耐高溫保鮮膜，放入微波爐（500 瓦）中加熱 5 分鐘。

STEP 3
裝盤，撒上櫻花蝦乾和白芝麻，擠入檸檬汁。

有效增強免疫力的食材

維他命C	黃椒、檸檬
維他命A	小松菜
維他命E	白芝麻碎、白芝麻
發酵食品	納豆、豆瓣醬、櫻花蝦乾

有效補充鐵質，預防貧血

FOOD DATA

含醣量
15.2g

蛋白質含量
20.4g

香辣檸檬豬肉湯

想要預防貧血，最好能均衡攝取動物性的血紅素鐵和植物性的非血紅素鐵。這道湯品使用了富含血紅素鐵的豬瘦肉，和非血紅素鐵的小松菜。加上含有維他命C的紅椒與檸檬，提升鐵質吸收率。

材料（1人份）

豬瘦肉……………………70g
小松菜…………………… 1/5 把（50g）
紅椒……………………… 1/4 顆（40g）
洋蔥……………………… 1/8 顆（30g）
檸檬……………………… 1/4 顆（30g）
水………………………… 200ml

A
┌ 鰹魚高湯（顆粒）… 1 小匙
│ 韓式辣醬………… 1½ 小匙
│ 醬油……………… 1 小匙
│ 白芝麻碎………… 1 大匙
│ 料酒……………… 2 小匙
└ 蒜泥・薑泥……… 各 1 小匙

作法

STEP 1
豬瘦肉切成好入口的大小。小松菜切 3cm 長。紅椒切成 3cm 長的細絲，洋蔥切 3cm 薄片。檸檬切一片薄片備用。

STEP 2
將將檸檬以外的食材、水、**A** 放入耐熱調理碗，輕輕攪拌混合後包上耐高溫保鮮膜，放入微波爐（500 瓦）中加熱 6 分鐘。

STEP 3
裝盤，擺上切成薄片的檸檬片，擠入剩餘的檸檬汁水。

有效改善貧血的食材

血紅素鐵　豬赤身肉
非血紅素鐵　小松菜
維他命 C　紅椒、檸檬

讓這道溫柔的湯品撫慰因貧血而感到疲憊的身體

FOOD DATA

含醣量
16.5g

蛋白質含量
32.1g

豆腐蛤蜊湯

蛤蜊的血紅素鐵、豆腐與豆乳的非血紅素鐵都極為豐富，再加上富含維他命C的紅椒與青花菜佐味，每一口都能品嚐到蛤蜊與油炸豆皮醇厚鮮美的滋味。尤其適合因貧血而感到疲憊時飲用。

材料（1人份）

水煮蛤蜊（罐裝・帶汁水）…70g
嫩豆腐……………… 1/3 塊（100g）
油炸豆皮…………… 1/2 片（15g）
紅椒………………… 1/4 顆（40g）
青花菜……………… 3 朵（40g）
檸檬………………… 1/4 顆（30g）
水………………… 50ml

A
　　法式清湯粉（顆粒）… 1 小匙
　　鹽麴……………… 1 小匙
　　酒料……………… 2 小匙
　　蒜泥、薑泥……… 各 1 小匙
　　豆乳……………… 150ml

作法

STEP 1　嫩豆腐、油炸豆皮、紅椒切成 1cm 的小丁，青花菜切碎。

STEP 2　將所有食材、水、**A** 放入耐熱調理碗，輕輕攪拌混合後包上耐高溫保鮮膜，放入微波爐（500 瓦）中加熱 5 分鐘。

有效改善貧血的食材

血紅素鐵　蛤蜊
非血紅素鐵　嫩豆腐、豆乳
維他命C　紅椒、青花菜

飲食日記

記錄吃過的食物，配合自身的需求決定製作瘦身湯的日子……
請為自己量身訂製沒有負擔的減重日程表。

	早餐	午餐	晚餐	其他
SAT 20.11.7	Fruits	Soup	Soup!	
SUN 20.11.8	Fruits		Free	
MON 20.11.9	Fruits		Soup!	
TUE · ·			Soup!	
WED · ·				
THU · ·				
FRI · ·				

只是記錄早·中·晚的食物也可以，或者配合購物計劃選擇製作自己喜歡的湯品。

配合自己的生活習慣或預定行程，自由運用日程表進行規劃。

寫下已經預定好的外食時間，便可在前一天的夜晚安排飲用瘦身湯，依照自己的步調擬定減重行程。

減重並不是能在短時間內完成的事。養成不感到負擔且可以長久堅持的習慣才是能成功瘦身的要點。

MEMO:

Start Diary!

飲食日記

	早餐	午餐	晚餐	其他
SAT · ·				
SUN · ·				
MON · ·				
TUE · ·				
WED · ·				
THU · ·				
FRI · ·				

MEMO:

飲食日記

	早餐	午餐	晚餐	其他
SAT · ·				
SUN · ·				
MON · ·				
TUE · ·				
WED · ·				
THU · ·				
FRI · ·				

MEMO:

　　想不到我會在二○二○年間連續出版 3 本瘦身湯食譜，今年也有多家女性雜誌、網路平台、電視節目、廣播節目，給我機會介紹各種瘦身湯品，製作出更多樣化的瘦身湯食譜。挑選各種對減重、健康、美容具有效用的食材，一碗湯中融合了充足的營養，各色食材必能讓身心都得到滿足。除了營養價值外，簡單的製作方式與令人食指大動的可口滋味，也是非常重要的。健康與美貌都必須長久堅持才能確切感受到效果，太麻煩的製作流程就叫人望而生怯，不夠美味同樣也難以持續飲用。

　　我自己在 3 年前開始靠喝瘦身湯減重，2 個月內便減掉了 6kg，留下肌肉、減去脂肪，在不勉強自己的情況下成功瘦身了。在那之後，我每天的飲食都欠缺不了瘦身湯。有時候是每天飲用，有時是吃太多的隔天，或是拍攝前想讓身形看起來更精壯的時候，我會配合當時的情況飲用瘦身湯。只要放入微波爐就能輕鬆完成的魔法瘦身湯，若能為各位讀者的健康與美麗帶來一點幫助，就是我最開心的事了。

　　請容許我打從心裡感謝拿起這本書的每一位讀者，還有參與這本瘦身湯食譜的各位工作人員。負責編輯的小寺智子女士和田美穗女士、攝影師矢野宗利先生、美食規劃師竹中絋子女士、髮型師金関黎華女士、經紀人吉澤秀先生，非常感謝各位的鼎力支持。

Atsushi

索引

HealthTree　健康樹系列 167

有菜有肉，微波**5**分鐘上菜　減醣消脂瘦身湯

美腸、美ボディ、幸せになれる運命を変える魔法の「美やせ」レンチンスープ

作　　者	Atsushi
譯　　者	林香吟
總 編 輯	何玉美
主　　編	紀欣怡
責任編輯	盧欣平
封面設計	張天薪
版型設計	葉若蒂
內文排版	許貴華
日本製作團隊	攝影 矢野宗利
	造型設計與料理助理 竹中紘子
	髮型化妝 今関梨華【Linx】
	營養計算 新谷友里江
	製作協力 吉澤 秀【IDEA】
	編輯協力 和田美穂
	編輯與構成 小寺智子

出版發行	采實文化事業股份有限公司
行銷企畫	陳佩宜・黃于庭・蔡雨庭・陳豫萱・黃安汝
業務發行	張世明・林踏欣・林坤蓉・王貞玉・張惠屏・吳冠瑩
國際版權	王俐雯・林冠妤
印務採購	曾玉霞
會計行政	王雅蕙・李韶婉・簡佩鈺
法律顧問	第一國際法律事務所　余淑杏律師
電子信箱	acme@acmebook.com.tw
采實官網	www.acmebook.com.tw
采實臉書	www.facebook.com/acmebook01

I S B N	978-986-507-593-4
定　　價	330 元
初版一刷	2021 年 12 月
劃撥帳號	50148859
劃撥戶名	采實文化事業股份有限公司
	10457 台北市中山區南京東路二段 95 號 9 樓
	電話：（02）2511-9798　傳真：（02）2571-3298

國家圖書館出版品預行編目資料

有菜有肉，微波 5 分鐘上菜　減醣消脂瘦身
湯 / Atsushi 著；林香吟譯 . -- 初版 . -- 臺北
市：采實文化事業股份有限公司 , 2021.12
128 面；17*23　公分 . --（健康樹；167）
譯自：美腸、美ボディ、幸せになれる 運命を
変える魔法の「美やせ」レンチンスープ
ISBN 978-986-507-593-4（平裝）
1. 食譜 2. 減重 3. 湯
427.1　　　　　　　　　　110016982

≪ BICHOU、BIBODEI、SHIAWASE NI NARERU
UNMEI O KAERU MAHOU NO [BIYASE] RENCHIN SUUPU ≫
© Atsushi 2020
All rights reserved.
Original Japanese edition published by KODANSHA LTD.
Complex Chinese translation Copyright © 2021 by ACME Publishing Co., Ltd.
Complex Chinese publishing rights arranged with KODANSHA LTD.
through Keio Cultural Enterprise Co., Ltd.

本書由日本講談社正式授權，版權所有，未經日本講談社書面同意，不得以任何
方式作全面或局部翻印、仿製或轉載。

采實出版集團
ACME PUBLISHING GROUP

版權所有，未經同意不
得重製、轉載、翻印